がれき処理・除染はこれでよいのか

熊本一規・辻　芳徳 著

緑風出版

はじめに

東日本大震災に伴う「震災がれきの広域処理」が、多くの国民から批判を浴びている。放射能で汚染されたものをわざわざ汚染濃度の低い地域に運んで処理するというのだから、それは、「拡散でなく集中」という「処理の大原則」に反しており、また、放射性物質を拡散し希釈する政策は、放射性物質に関して国際的に合意されている「希釈禁止の原則」にも反している。厳しい批判を浴びるのは当然である。

では、なぜ、一般市民でも容易にわかる「処理の大原則」に反した「全国的広域処理」が打ち出されたのであろうか。

本書は、市民の関心の強い「焼却に伴って放射性物質が排出されるか否か」の問題に答えるとともに、長年、ごみ・リサイクル問題に関わってきた者として、この疑問を解明しようとしたものである。

第1章では、国の説明する「広域処理の必要性」が疑問だらけであることを指摘するとともに、広域処理の仕組みがいかにつくられたかを説明している。

第2章では、長年の清掃工場での経験を持ち、現場の技術や労働に詳しい辻芳徳氏が、焼却に伴う気体状・液体状のセシウム及びセシウム化合物はバグフィルターでの捕捉が困難であり、したがって、震災がれきの焼却が焼却場周辺地域に放射能汚染をもたらすことを明らかにしている（なお、第2章は、辻氏の原稿をもとに、筆者が若干の知見を加えたうえで、辻氏の貴重な指摘が浮き彫りになるよう整理・編集し、辻氏の承認を得たものであり、文責は基本的に辻氏にあるが、筆者も手を加えた限りで連帯責任を負っている）。

第3章では、震災がれきを通常の廃棄物として処理する際の基準とされている八〇〇〇ベクレル／kgが原発からの放射性廃棄物に比べて八〇倍の基準緩和であり、かつ、がれきの放射能のチェックにはカラクリがあること、また、原発からの放射性廃棄物が閉鎖系に埋設・隔離されてきたのに対し、通常の廃棄物の処理は、汚染物質が大気・水・土壌の間を行き来したり、循環したりするという欠陥を持っており、震災がれきを通常の廃棄物として扱うことは、汚染循環という開放系に放射性物質を含めるにほかならないことを明らかにしている。

第4章では、震災がれきが市町村に処理責任のある「一般廃棄物」とされ、困った市町村が「県の代行」をお願いし、県が大手ゼネコンに丸投げしたことが「処理の遅れ」の真因であること、にもかかわらず、がれき利権を狙って「国の代行」の制度まで設けられたことを明らかにしている。

仙台市のように、「自区内処理・地域経済復興」を基本方針として既存ルートを活用していれば、がれき処理は、もっとスムーズに、もっと安く、またもっと地域振興に役立つように進められたはずである。

第5章では、放射能汚染された震災がれきは、東京電力の費用負担で、福島第一原発周辺に集中させて隔離すべきこと、その方針と矛盾する「除染」や「帰還推進」という国の方針は、除染利権のためにすすめられていること、及び「帰還推進」が「除染利権」と「がれき利権」を支えていることを、チェルノブイリにおける避難優先の方針との比較をつうじて明らかにしている。また、除染でなく農水産物による浄化をすすめること、及び農水産物をバイオエネルギーとして活用することが、放射性物質により困窮の極みに追い込まれている農漁民の救済につながることを述べている。

また、宮城県で、復興策の一環として、漁業権を企業に開放しようという動きが見られたが、この問題について『季刊地域』に寄稿した論稿を、本書の趣旨とも合致することから、付論として添付した。

「震災がれきの処理」や除染を詳細に検討したうえでの感想は、「日本はここまで劣化したのか」、「日本は、人の生命や健康よりも、ここまで金儲けを優先する社会になったのか」という、悲しい感慨である。筆者は、長年の環境政策の研究をつうじて「日本の環境政策は産業振興を目的としてつくられる」との確信を持つに至っているが、「震災がれきの処理」や除染でも、この原則が貫かれていることが浮き彫りになったからである。

かつて、国民はガイガーカウンターを持ち歩いて自衛しなければならなくなる、との話が半ば笑い話として語られていたが、いまや、そのような放射能まみれの社会が、一部特権層の利権のために、国によってつくられているのである。

東日本大震災及び福島原発事故は、世界的にも未曾有の大事故であり、それだけに、原子力村に象徴される、一部特権層の利益に基づく政治という、明治以来の日本社会の体質を変革し得る可能性を持っている。

しかし、原子力村に象徴される旧体制の権力者たちは、福島原発事故の責任をとらないばかりか、事故の後始末をつうじて儲ける仕組みをつくりあげた。「がれきの広域処理」・「除染」・「帰還推進」はワンセットの政策であり、「帰還推進」が「がれき利権」と「除染利権」を支えている。

国の復興策をそのまま認めるのか、それとも、地元主体・被災者救済の復興を実現させるのかは、日本の未来を左右するほどの大きな問題である。

本書が、「がれきの広域処理」や「除染」や「帰還推進」を批判的に見るうえで、また、地元主体・被災者救済の復興を実現するうえで、いささかでも役立つとすれば、筆者らの喜び、これに過ぎるものはない。

目次

がれき処理・除染はこれでよいのか

はじめに　2

第1章　がれき広域処理とその仕組みづくり――13

一　がれき広域処理は疑問だらけ　14

1　広域処理の遅れが復興を妨げているのか・14／2　広域処理されるのは「通常の廃棄物」か・18

二　広域処理の仕組みはいかにつくられたか　19

1　災害廃棄物は一般廃棄物か・20／2　誰が費用負担するのか・24／3　復興予算が産廃処理業者に流れる仕組み・27／4「産廃を一廃として処理する」ための特例・28

第2章　がれき焼却は放射能汚染をもたらすか――35

一　焼却に伴う有害物質はどのように規制されているか　36

二　セシウムはバグフィルターで除去できるか　39

1　国はセシウムについて知らない・39／2　バグフィルターとは何か・41／3　災害廃棄物安全評価検討会における不透明な審議・43／4　バグ

フィルターでは気体状・液体状のセシウムは捕捉困難・46

第3章 放射性物質を汚染循環に入れる愚策――51

一 放射性廃棄物はいかに処理されてきたか 52
1 放射性廃棄物の種類・52／2 放射性廃棄物の処分方法・53／3 クリアランスレベル基準値はいかに決められているか・57
二 がれき処理の基準値はIAEA安全指針に反する 59
1 八〇〇〇ベクレル／kgの基準値は八〇倍の基準緩和・59／2 八〇〇〇ベクレル／kgの根拠は何か・61／3 単位重量当たり濃度を表面の汚染密度から導くカラクリ・63／4 ガイガーカウンターではベクレルを測れない・65／5 基準緩和は何のためか・68
三 産廃はいかに処理・リサイクルされているか 68
1 地下水汚染をもたらす処分場・69／2 不法投棄が横行する産廃処理市場・75／3 リサイクルは最も危険・77／4 日本は汚染循環型社会・79
四 放射性物質が汚染循環に含まれる 82

第4章　誰のための広域処理か――85
一　拡散は「処理の大原則」に反する　86
二　「広域処理」の意味転換　87
1　当初の「広域処理」は「地元連携型広域処理」・87／2　仙谷発言が「全国的広域処理」の契機・93／3　災害廃棄物処理特措法の制定・95／4「県の代行」による「全国的広域処理」と「地元処理」・98
三　仙台市のがれき処理はいかに行なわれているか　107
1　自区内処理・地域経済復興が基本方針・107／2　仙台市のがれき処理がスムーズに進んだ要因・108／3　仙台方式が示唆するもの・109
四　がれき利権の配分としての全国的広域処理　111
1　「県の代行」や「国の代行」は必要だったのか・111／2　震災がれきは垂涎の的・113／3　徳島県・札幌市長の見解・114
第5章　地元主体・被災者救済の復興を――125
一　震災がれきを誰がいかに処理するか　126

1　福島第一原発周辺に集中させる・126／2　東電が処理費を負担すべき・128
二　誰のための除染か　129
1　放射性物質汚染対処特措法による処理及び除染の仕組み・129／2　除染はどこでいかに進められるのか・134／3　除染は「移染」・142／4　巨額の除染利権・143
三　避難と隔離を柱とした対策を　146
1　チェルノブイリでは住民が「避難の権利」を持つ・146／2　チェルノブイリと福島・150／3　がれき利権と除染利権と帰還推進はセットになっている・153／4　四号機問題が続くのに帰還推進とは・155／5　福島県は何故「帰還推進」か・160
四　農水産物こそ浄化と復興の鍵　164
1　汚染物質は資源物質・164／2　農水産物は大地や海を浄化する・165／3　農産物からバイオエネルギーを・167／4　農水産物による浄化とバイオエネルギーで農漁民の救済を・170
付論　漁業権は誰のためにあるか（初出『季刊地域』Winter 二〇一二）――175

漁業権の免許の仕組み・176／特定区画漁業権の免許の優先順位・178／復興特区における「漁業法の特例」の内容・180／総有の権利は持続的社会の基盤・182／地域が地域資源を握り活用することが持続的社会の鍵・183

あとがき 185

資料 188

参考文献・参考資料 195

第1章　がれき広域処理とその仕組みづくり

一　がれき広域処理は疑問だらけ

1　広域処理の遅れが復興を妨げているのか

東日本大震災で生じた岩手県・宮城県のがれきの処理を他県の市町村が受け入れるか否かが論議を呼んでいる。国は、広域処理の必要性を次のように説明している（環境省「広域処理情報サイト」、http://kouikishori.env.go.jp/）。


　全国の廃棄物処理施設で、被災地で処理しきれない災害廃棄物を処理していただくことを広域処理といいます。

　東日本大震災の津波で被害に遭って倒壊した家屋や海水を被った家財等の災害廃棄物が大量に発生し、その処理を急いでいます。

　岩手・宮城の両県では、全力で災害廃棄物の処理を行なっていますが、処理施設の不足で思うように進んでいません。その量は岩手県で通常の約一一年分、宮城県で通常の約一九年分にも達しています。被災地の一日も早い復興に向けて、災害廃棄物の早急な処理は不可欠です。そこで、廃棄物の処理施設に余力のある全国の各自治体と住民の皆さまのご協力をいただき、災害廃棄物の処理を行っていただく広域処理をお願いしています。

被災地では、災害廃棄物を一時的な置場である「仮置場」に移動しています。しかし、仮置場をさらに確保することは地形的に難しく、現在では災害廃棄物が山積みされ、火災の危険性も高まっています。被災地では仮設焼却炉を設置するなどして処理に取り組んでいますが、それだけではとても処理しきれず、日本全体で災害廃棄物の処理に協力することで、復旧・復興を進めることが不可欠です。

国のあげる理由は要するに次の三点である。
①「岩手県で通常の約一一年分、宮城県で通常の約一九年分」もの災害廃棄物が発生した。
②膨大ながれきが復興の妨げになっている。
③地元の処理能力が不足している。
しかし、これらの理由には、大きな疑問がある。

①についての疑問

岩手・宮城両県で発生したがれき量二四四六万トンのうち二〇四五万トンは地元で三年間

で処理されることになっており、広域処理希望量は残りの四〇一万トンである。うち、東京で五〇万トンを引き受けることが二〇一一年中に決まっており、東京以外の広域処理量は三五一万トンである。

国は「岩手県で通常の約一一年分、宮城県で通常の約一九年分」もの災害廃棄物が発生したので、広域処理が必要と宣伝しているが、約一一年分、一九年分というのは、それぞれの県内における一般廃棄物の発生量で割った値である。東日本大震災で発生したがれきには、一般廃棄物のみならず、平常時なら産業廃棄物とされるものが大量に含まれている。産業廃棄物の発生量は一般廃棄物の約八倍だから、平常時なら産業廃棄物とされるものをも考慮すると、岩手県で約一・二年分、宮城県で約二・一年分でしかない。

「岩手県で通常の約一一年分、宮城県で通常の約一九年分」という説明は、正確でないし、フェアーでない。

②についての疑問

がれきのほとんどは既に海岸部など市街地の外に設けられた仮置場に集められており、がれきの存在が周辺住民の気持ちを滅入らせるといった精神的な影響はあっても、復興の妨げになっているとまではいえない。そのうえ、処理場所のうちわけからみても、がれきの処理が遅れているのは、広域処理が進まないからではなく、地元処理が遅れているからである。

そのうえ、がれきの存在は、地元市町村にとってマイナス面ばかりもたらすわけではない。岩手県岩泉町の伊達勝身町長は、「現場からは納得できないことが多々ある。がれき処理もそうだ。あと二年で片付けるという政府の公約が危ぶまれているというが、無理して早く片付けなくてはいけないんだろうか。山にしておいて一〇年、二〇年かけて片付けた方が地元に金が落ち、雇用も発生する。もともと使ってない土地がいっぱいあり、処理されなくても困らないのに、税金を青天井に使って全国に運び出す必要がどこにあるのか」と述べている。(1)

伊達町長の発言にあるように、がれきの分別・処理を地元の意向を尊重し、地元主体で進めるならば、復興につなげることも可能なのである。

③についての疑問

陸前高田市の戸羽太市長は日刊サイゾーのインタビューに対し、次のように答えている。(2)

「戸羽市長：がれきの処理というのは復興へ向けた最重要課題のひとつなわけですが、現行の処理場のキャパシティー（受け入れ能力）を考えれば、すべてのがれきが片付くまでに三

（１）朝日新聞デジタル二〇一二年二月二十九日「復興に向けて　首長に聞く」
（２）http://www.cyzo.com/2011/08/post_8323.html

年はかかると言われています。そこで、陸前高田市内にがれき処理専門のプラントを作れば、自分たちの判断で今の何倍ものスピードで処理ができると考え、そのことを県に相談したら、門前払いのような形で断られました」。

この発言に基づけば、地元の処理能力が足りないのではなく、国や県によって足りなくさせられていることになる。

2　広域処理されるのは「通常の廃棄物」か

国はまた、広域処理されるのは「通常の廃棄物」であり、「安全な廃棄物」であるとしている。

廃棄物処理法（一九七〇年）では、「廃棄物」とは「ごみ、粗大ごみ、燃えがら、汚でい、ふん尿、廃油、廃酸、廃アルカリ、動物の死体その他の汚物または不要物であって、固形状または液状のもの（放射性物質及びこれによって汚染されたものを除く）をいう」（傍点引用者）と「廃棄物」を定義しており、放射性廃棄物は対象外とされてきた。原発から排出される放射性廃棄物は、原子炉等規制法に基づき、青森県六ヶ所村にある六ヶ所低レベル放射性廃棄物埋設センターに運ばれてきた。廃棄物処理法の「廃棄物」か、それとも原子炉等規制法の「低レベル放射性廃棄物」かを区別する基準は、セシウムでは一〇〇ベクレル／kgであった。[3]

ところが、国は、震災がれきについて、放射性物質汚染対処特別措置法二十二条により廃棄物処理法の「放射性物質及びこれによって汚染されたもの」に含めないとすることで、廃棄物処理法の「廃棄物」に含めるとともに、その基準を八〇〇〇ベクレル／kgに緩和した。原発から排出されるものについては、依然として一〇〇ベクレル／kgが基準であるにもかかわらず、震災がれきについては、区別の基準を実に八〇倍にも緩めたのである。そして、震災がれきを「放射性廃棄物」とは呼ばず、「放射性物質に汚染されたおそれのある廃棄物」と呼んでいる。官僚の得意な「言葉によるごまかし」である。

このような矛盾に満ちた基準緩和をしておいて、「震災がれきは通常の廃棄物」と主張しても説得力を持つはずがない。また、セシウム以外の核種（放射性元素）についてもチェックしなければ、「安全な廃棄物」とは言えないはずである。

二　広域処理の仕組みはいかにつくられたか

そもそも災害に伴って生じた「災害廃棄物」の処理は誰がすべきだろうか。費用負担は誰

（3）ベクレル（Bq）とは、水や食べ物等に含まれる放射性物質の量を表わす単位である。

がするのか。また、「広域処理の仕組み」は、どのようにつくられたのか。

1　災害廃棄物は一般廃棄物か

廃棄物処理法では、廃棄物は「一般廃棄物」（以下「一廃」）と「産業廃棄物」（以下「産廃」）に区分される。

「産廃」とは「事業活動に伴って生じた廃棄物のうち、燃えがら、汚でい、廃油、廃酸、廃アルカリ、廃プラスチック類その他政令で定める廃棄物をいう」と、また「一廃」とは「産廃以外の廃棄物をいう」と、それぞれ定義されている。「政令で定める産廃」は、紙くず、木くず、繊維くず、動植物性残渣、ゴムくず、金属くず、ガラスくず・コンクリートくず（工作物の新築、改築又は除去に伴って生じたものを除く）及び陶磁器くず、鉱さい、がれき類（工作物の新築、改築又は除去に伴って生じたコンクリートの破片その他これに類する不要物）、動物のふん尿、動物の死体、ばいじん等と定められている（施行令二条）。

では、災害廃棄物は、一廃か、それとも産廃か。一廃は市町村の所管、産廃は都道府県の所管であり、処理責任も一廃は市町村、産廃は排出事業者にあるから、一廃か産廃かは、処理にあたって最も重要な区分である。

廃棄物処理法には、災害廃棄物が一廃か産廃かに関する規定はない。二十二条に「国は、政令で定めるところにより、市町村に対し、災害その他の事由により特に必要となった廃棄物の処理を行なうために要する費用の一部を補助することができる」と規定されているが、これは市町村が災害廃棄物を処理する場合に国が補助をすると規定しているだけであって、災害廃棄物が一廃であると規定しているわけではない。

事業活動に伴って生じた廃棄物ではないことをもって災害廃棄物が産廃ではなく一廃であるとする見解もある。しかし、この見解に基づけば、震災で軽微な損傷を受けた原材料や製品もすべて一廃となって税金で処理することになってしまい、不合理なことになる。

厚生省『震災廃棄物対策指針』（一九九八年）では、「被災市町村は、地域防災計画、震災廃棄物の処理・処分計画に基づき、震災により生じた廃棄物の処理を適正に行なう」とされている。しかし、『震災廃棄物対策指針』は法的根拠となるものではない。

結局、災害廃棄物が一廃か産廃かに関する法律上の規定はない。

環境省は、「東日本大震災に係る災害廃棄物処理事業の取扱いに関するQ＆A」（平成二十三年四月八日）において、次のような見解を示している。

Q２　中小企業[4]の災害廃棄物については、本件処理事業に該当するのか。

A２　阪神淡路大震災の際は、被災市町村内に事務所を有する中小企業にかかる、がれきの収集・運搬及び処分については、被災市町村が実施する場合には、解体工事と併せ、処理事業の対象とした。

今回の東日本大震災においても、同様とする予定。

Q３　大企業の災害廃棄物についても、本件処理事業に該当するのか。

A３　阪神淡路大震災の際は、被災市町村内に事務所を有する大企業であって、次の要件のいずれかを満たすものの、がれきの収集・運搬及び処分については、被災市町村が実施する場合には、処理事業の対象とした。なお、大企業の場合には、解体工事は対象としなかった。

今回の東日本大震災においても、同様とする予定。

(1) 地震発生後二月間の売上額若しくは受注額が前年同期に比して百分の二十以上減少したもの

(2) 被災事業者と被災市町村内に事業所を有する事業者との取引依存度が百分の二十以上のもの

(3) 被災市町村内にある企業の事務所の従業員数の割合が二割以上のもの

このQ&Aに示されているように、国は、実際には、大企業由来のものの一部は企業に処理させることとしているものの、それ以外の災害廃棄物はすべて一廃として市町村が処理を行なうこととしている。

しかし、東日本大震災に伴って生じた震災がれきの多くは「がれき類」や「木くず」や「金属くず・コンクリートくず」など、平常時には産廃とされているものである。地震・津波によって壊された建物も、工作物の除去に伴って排出された「がれき類」や「木くず」にあたる。

したがって、震災がれきの処理においては、「平常時の産廃を一廃として処理する」とされていることになる。「震災がれきの広域処理」を考察していくうえでは、この「平常時の産廃を一廃として処理する」点を念頭に置いておくことが肝要である。

（4）中小企業基本法では、「中小企業者の範囲」を次のように定義している。資本要件、人的要件のいずれかに該当すれば、中小企業者として扱われる。
　製造業その他：資本金の額又は出資の総額が三億円以下の会社又は常時使用する従業員の数が三〇〇人以下の会社及び個人
　卸売業：資本金の額又は出資の総額が一億円以下の会社又は常時使用する従業員の数が一〇〇人以下の会社及び個人
　小売業：資本金の額又は出資の総額が五〇〇〇万円以下の会社又は常時使用する従業員の数が五〇人以下の会社及び個人
　サービス業：資本金の額又は出資の総額が五〇〇〇万円以下の会社又は常時使用する従業員の数が一〇〇人以下の会社及び個人

2　誰が費用負担するのか

市町村は、平常時には、原則として一廃のみを処理し、産廃は処理していない。ただし、「あわせ産廃」と呼ばれる産廃は市町村が処理することもある。「あわせ産廃」とは、「一般廃棄物とあわせて処理することができる産業廃棄物その他市町村が処理することが必要であると認める産業廃棄物」と定義されており、木くずなど一廃処理施設で処理可能であるような産廃が、一廃処理施設に余裕のある際に、市町村が認めた場合、「あわせ産廃」として一廃処理施設で処理されている。しかし、震災がれきの多くを占める「がれき類」や「金属くず・コンクリートくず」は、一廃処理施設で処理可能ではないため「あわせ産廃」とされることはない。

そのため、市町村は、「災害廃棄物は一廃」とされて処理責任を持たされても、処理の知識も技術も施設もなく、困惑することになる。また、膨大な震災がれきを抱える市町村では、費用負担は莫大となり、とうてい市町村が担えるものではない。

そこで国がつくったのが「東日本大震災に対処するための特別の財政援助及び助成に関する法律」（平成二十三年五月二日法律第四十号）である。同法では、東日本大震災（福島原発事故を含む）に伴う災害廃棄物の処理を特定被災地方公共団体（青森県・岩手県・宮城県・福島県・

表1　災害廃棄物処理事業の特例措置（比較表）

	通常	阪神・淡路大震災	東北地方太平洋沖地震
国庫補助率	1/2	1/2	対象市町村の標準税収入（注）に対する事業費の割合に応じ、次により補助 ・10/100以下の部分　50/100 ・10/100を超え20/100以下の部分　80/100 ・20/100を超える部分　90/100
地方財政措置	地方負担分の80％について交付税措置	地方負担分の全額について、災害対策債により対処することとし、その元利償還金の95％について交付税措置	地方負担分の全額について、災害対策債により対処することとし、その元利償還金の100％について交付税措置

（注）標準税収入とは、地方税法に定める法定普通税を、標準税率をもって算定した収入見込額をいう。
（参考）法定普通税：普通税（その収入の使途を特定せず、一般経費に充てるために課される税）のうち、地方税法により税目が法定されているもの。現在の市町村の法定普通税には、市町村民税、固定資産税、軽自動車税、市町村たばこ税、鉱産税、特別土地保有税がある。
（出所）総務省「東北地方太平洋沖地震への対応に係るQ＆A（地方行財政関係）」（2011年6月10日）

茨城県・栃木県・千葉県・新潟県・長野県で計一四八市町村が指定されている）が行なう場合には、補助率の嵩上げを行なううえ、残る地方公共団体負担分についても、その全額を災害対策債により対処することとし、その元利償還金の一〇〇％を地方交付税で措置することとしている。これにより、災害廃棄物処理の費用負担は、すべて国が行なうこととされたのである（表1）。

さらに、国は、「国が被害を受けた市町村に代わって災害廃棄物を処理するための特例を設ける」という趣旨に基づき、「東日本大震災により生じた災害廃棄物の処理に関する特別

措置法」（略称「災害廃棄物処理特措法」、平成二十三年八月十八日法律第九九号）を制定した。

同法では、特定地方公共団体から要請があった場合には、東日本大震災に伴う災害廃棄物の処理を国が代行するとし、その場合の費用は国が基本的に負担し、市町村は、自ら処理した場合に交付される補助金の額を控除した額を負担するものの、その負担額については、必要な財政上の措置を講ずるものとされた。ここでも、費用負担は、市町村でなく、国が行なうこととされたのである。

同法が施行されても、「国の代行」を要請する市町村は、なかなか現われなかったが、ようやく二〇一二年三月十四日、福島県相馬市と新地町が要請した。

「震災がれきの広域処理」は、宮城県・岩手県下の被災市町村が県に委託し、県が受入れ市町村に委託するという手続きで進められるから、「国の代行」ではなく、「災害廃棄物処理特措法」に基づく仕組みではない。費用負担も「災害廃棄物処理特措法」ではなく、「東日本大震災に対処するための特別の財政援助及び助成に関する法律」に基づき、実質的に国の負担となる。宮城県・岩手県下の震災がれきを対象として実施されるのは、両県で震災がれきの発生量が多いからとされ、平成二十四年三月末までに仮置場への移動を終え、平成二十六年三月末までに中間処理・最終処分を終えるというスケジュールが組まれている。

国による費用負担は、復興予算により充当され、平成二十六年三月末までに一兆七〇〇〇億円が見込まれている。

3　復興予算が産廃処理業者に流れる仕組み

「東日本大震災に対処するための特別の財政援助及び助成に関する法律」によって財政的な手当てはなされたものの、だからといってすぐさま市町村が産廃を処理できることにはならない。市町村には産廃処理のための知識も技術も施設もないからである。

廃棄物処理法では、一廃は市町村の所管であり、産廃は都道府県の所管である。一廃の処理責任は市町村にあり、市町村または市町村から委託ないし許可を受けた処理業者が処理をする。産廃の処理責任は排出事業者にあり、排出事業者が自ら、または知事から許可を受けた処理業者に委託して処理をする。処理業者の許可は、一廃では市町村長が、産廃では知事が、それぞれ出す。焼却場や処分場などの処理施設の設置も許可が必要であり、処理業者の許可と同様、一廃では市町村長が、産廃では知事が、それぞれ出す。

災害廃棄物のうち可燃物は受入れ市町村の清掃工場で燃やされるが、震災がれきの多くは実質的には「不燃物の産廃」であり、受入れ市町村の有する「一廃処理施設」で処理することは困難である。

そのため、受入れ市町村は、震災がれきを受け入れた後に、その多くを建設会社や産廃処理業者に委託し、実際には建設会社や産廃処理業者が処理することになる。

建設会社は、通常、一廃処理の許可を得てはいない。産廃処理業者は、産廃処理の許可は得ているが、一廃処理の許可を得ているとは限らない。しかし、廃棄物処理法では、市町村からの委託を受ければ、一廃処理の許可を得ていなくても一廃の処理ができるとされている（七条一項ただし書き、及び七条六項ただし書き）。そのため、新たに一廃処理の許可を得なくとも災害廃棄物を処理することができるのである。

広域処理の場合、国からのお金は、「国（復興予算）→被災市町村→宮城県または岩手県→受入れ市町村」と流れるが、受入れ市町村から建設会社・産廃処理業者に委託されることにより、お金もまた、受入れ市町村からさらに建設会社・産廃処理業者へと流れ、かくして、復興予算が最終的には建設会社・産廃処理業者へと流れ込むことになる。

復興財源は、復興増税によって確保されることになっている。復興増税は、所得税の年二・一％の増税（二〇一三年一月から二五年間）、個人住民税（二〇一四年六月から年額一〇〇〇円で一〇年間）などでまかなわれる予定である。

4 「産廃を一廃として処理する」ための特例

実は、廃棄物処理法に基づいていては、「被災市町村→宮城県または岩手県→受入れ市町村

↓建設会社・産廃処理業者」という流れは実現できない。また、「産廃を一廃として処理することも迅速には進まない。
そのため、国は、東日本大震災後、廃棄物処理法の規定にかかわらない特例措置を設けた。

【再委託に関する特例】

第一に、一廃の再委託に関する特例である。
廃棄物処理法では、一廃の処理責任を持つ市町村が処理業者に処理を委託することはできるが、市町村から委託を受けた処理業者が他の処理業者に再委託することは禁じられている。しかし、再委託を禁止していては、「被災市町村↓宮城県または岩手県↓受入れ市町村↓産廃処理業者」という流れは実現できない。
そのため、二〇一一年七月、国は、次のような文書を出して「再委託の特例措置」を設けた。

被災市町村が災害廃棄物処理を委託する場合における処理の再委託の特例について

平成二十三年七月

○現行制度においては、市町村が一般廃棄物の処理を委託する場合、受託者が処理を再委託することは禁止されている。

○一方、東日本大震災により、被災地においては膨大な量の災害廃棄物が発生しており、これらの災害廃棄物の処理は、平時に市町村により行われている日常生活に伴って生じたごみ、し尿等の処理とは全く異質のものとなっている。

また、被災地の市町村の中には、甚大な被害を受け、災害廃棄物の処理のための人員や体制を確保することができない市町村もある。

○このような状況を踏まえ、災害廃棄物の迅速な処理の推進のため、東日本大震災によって甚大な被害を受けた市町村[*1]が災害廃棄物[*2]の処理を委託する場合には、平成二六年三月三一日までの間に限り、一定の基準[*3]の下で、受託者が処理を再委託することができることとする特例措置を設け、市町村の事務負担の軽減を図る。

（＊1）東日本大震災に対処するための特別の財政援助及び助成に関する法律第二条第二項に規定する「特定被災地方公共団体」。岩手県、宮城県、福島県等の九県の一四八市町村が指定されている。

（＊2）東日本大震災により特にその処理が必要となった一般廃棄物（地震や津波により倒壊した建物等の残骸等）。

（＊3）再委託をする場合、以下のような基準（再委託基準）を満たす必要がある。

①再受託者が次のいずれにも該当すること。

イ）再委託を受ける業務を遂行するに足りる施設、人員、財政的基礎を有し、かつ、当該業務の実施に関し相当の経験を有すること。

ロ）欠格要件に該当しないこと。

ハ）自ら再委託を受ける業務を実施すること（再々委託は認めない）。

ニ）市町村と受託者との間の契約書に、再委託先として記載されていること。

②再委託する業務の委託料が業務を遂行するに足りる額であること。
（＊4）再委託を受けて一般廃棄物の処理を行う者（＊3①イ～ニの基準に該当する者に限る。）については、受託者と同様、一般廃棄物処理業の許可を受けることを要しない。

ここで、読者には一つの疑問が生じることであろう。再委託は特例で認められることになったものの、（＊3）①ハに記されているように、再々委託は認められていない。「被災市町村→宮城県または岩手県→受入れ市町村→建設会社・産廃処理業者」という流れは、「被災市町村→県」が委託、「県→受入れ市町村」が再委託にあたるから、「受入れ市町村→建設会社・産廃処理業者」は再々委託にあたるのではないか、との疑問である。

しかし、「被災市町村→県」は、「廃棄物処理法上の委託」ではなく「地方自治法上の委託」であり、いわば、市町村の業務の「県による代行」にあたる。

総務省は、「東日本大震災への対応に係るQ＆A（地方行財政関係）」（二〇一一年六月十日）において、次のようなQ＆Aにより、これを解説している。

問9　市町村が災害廃棄物の処理を実施できない場合、県等が代わって実施することはできないか。

○地方自治法第二五二条の一四の規定に基づき、市町村が県に対し、廃棄物の処理に関する事務を委託することにより、県が市町村に代わって災害廃棄物の処理を実施することができます。

したがって、「被災市町村→宮城県または岩手県→受入れ市町村→建設会社・産廃処理業者」という流れにおいて、「県→受入れ市町村」が「廃棄物処理法上の委託」、「受入れ市町村→建設会社・産廃処理業者」は「廃棄物処理法上の再委託」にあたることになり、再委託を認めた特例措置により可能になるのである。

宮城県・岩手県では、被災市町村からの「地方自治法上の委託」を受けた県は、共同企業体（略称JV）に「廃棄物処理法上の委託」をしており、共同企業体は、場合によっては、さらに特定の企業や産廃処理業者に「廃棄物処理法上の再委託」をしている。

【産廃処理施設での一廃処理に関する法改正】

震災がれきの多くは平常時には産廃であるが、災害廃棄物であるため「一廃」とされている。しかし、実質的には産廃であるため、「被災市町村→宮城県または岩手県→受入れ市町村→産廃処理業者」という流れをつうじて産廃処理業者へとわたり、産廃処理業者が「災害廃棄物」という「一廃」を産廃処理施設で処理することになる。

①届出期間の改正

廃棄物処理法では、もともと、産廃処理施設において処理する産廃と同様の性状を有する一廃をその産廃処理施設で処理する場合には、あらかじめ知事に届け出た時は、一廃処理施設としての許可を受けないで処理できるとされている（法十五条の二の五）。

たとえば、廃プラスチック類の産廃処理施設（破砕施設や焼却施設）では、一廃処理施設としての許可を受けることなく、あらかじめ知事に届け出るだけで「一廃としての廃プラスチック類」の破砕や焼却ができるのである。

ただし、その場合の知事への届出は、処理を開始する日の三十日前までに届出書を知事に提出して行なうものとされていた（施行規則十二条の七の十七）。

東日本大震災後、災害廃棄物の処理が円滑に進むよう施行規則が改正され、知事が、三十日前までに届け出ることが困難な特別の事情があると認める場合には、三十日前までに届け出なくてもよいこととされた（ただし、この場合にも届出は必要）。

②安定型処分場での受入れ

廃棄物処理法十五条の二の五に基づいて一廃を受け入れられる産廃処分場は「管理型処分

場」に限られていた（施行規則十二条の七の十六）のを、東日本大震災により特に必要となった一廃に関しては「安定型処分場」でも受け入れられる（施行日は二〇一一年五月九日、措置の有効期間二〇一四年三月三十一日まで）とされた。(5)

以上のように、震災がれきの広域処理に関しては、疑問だらけであるうえ、「産廃を一廃として処理する」ための多くの特例が設けられている。

したがって、震災がれきの広域処理が妥当か否かを検討するには、疑問を解明することはもちろんのこと、特例が必要であったか、また、特例を必要としない震災がれきの処理方法はなかったか等の点をも検討することが必要である。

付記：環境省は、二〇一二年五月二十一日、再推計の結果、広域処理量が四〇一万トンから二四七万トンに減少したと発表した。したがって、東京以外の広域処理量は、一九七万トンに減少し、広域処理の根拠は、さらに希薄になった。

（5）管理型処分場及び安定型処分場については、第3章二を参照。

第2章　がれき焼却は放射能汚染をもたらすか

震災がれきの広域処理についての市民の最大の関心は、今までのところ、焼却に伴い放射性物質が排出されるか否かという点にある。

震災がれきの焼却は放射能汚染をもたらすのであろうか。以下、検討していこう。

一　焼却に伴う有害物質はどのように規制されているか

ごみ焼却炉は、その中で複雑な化学反応が起こる化学プラントであり、ごみ焼却に伴い有害なガス類が生成される。

宮田秀明氏（元摂南大学教授）は、自らの調査結果から、ごみ焼却によって種々の化学物質が生成し、人体や自然界に何らかの影響を与える可能性を警告している（表2―1）。では、日本では、焼却炉から排出される有害物質は、どのように規制されているのだろうか。

ごみ焼却炉から排出される有害物質としては、大気汚染防止法により、硫黄酸化物（ＳＯｘ）、ばいじん、カドミウム及びその化合物、塩素及び塩化水素、フッ素・フッ化水素・フッ化珪素、鉛及びその化合物、窒素酸化物（ＮＯｘ）、ベンゼン、トリクロロエチレン、テトラ

表２―１　ごみ焼却に伴って生成する有機合成物の検出例

燃焼とは、合成と分解反応を超高速で繰り返す熱化学反応であり、極めて短時間で１種類の化合物から1000種類もの非意図的物質が生成する。

(1)ダイオキシン類	(16)ポリ塩化チオフェン（PCDTs）
(2)ポリ塩化ジベンゾフラン	(17)フタル酸類
(3)コプラナーＰＣＢ	(18)アルカン類
(4)塩化ナフタレン	(19)塩素アルカン類
(5)塩化フェノール	(20)アルケン類
(6)塩化ベンゼン	(21)ベンジルアルコール
(7)ＰＣＢ	(22)アセトン類
(8)臭化ジベンゾ-ｐ-ジオキシン	(23)有機酸類
(9)臭化ジベンゾフラン	(24)ドリン系農薬
(10)塩化・臭気ジベンゾ-ｐ-ジオキシン	(25)ＤＤＴ類
(11)塩化・臭気ジベンゾフラン	(26)塩化ビニル
(12)多環芳香族炭化水素類	(27)有機フッ素化合物
(13)塩素化多環芳香族炭化水素類	(28)ピリジン
(14)メチル多環芳香族炭化水素	(29)テトラアセトニトリル
(15)ニトロ多環芳香族炭化水素類	

出典：宮田秀明氏退職記念講演会資料

表2—2　EUが規制している焼却施設の排ガス中重金属類

重金属類規制対象項目	規制値
カドミウム（Cd）及びその化合物	合計0.05mg／m³
タリウム（Tl）　及びその化合物	
水銀（Hg）　　　及びその化合物	0.05mg／m³
アンチモン（Sb）及びその化合物	合計0.5mg／m³
砒素（As）　　　及びその化合物	
鉛（Pb）　　　　及びその化合物	
クロム（Cr）　　及びその化合物	
コバルト（Co）　及びその化合物	
銅（Cu）　　　　及びその化合物	
マンガン（Mn）　及びその化合物	
ニッケル（Ni）　及びその化合物	
ヴァナジウム（V）及びその化合物	

出典：環境総合研究所　池田こみち氏講演資料
原出典：Guidance on Waste Incineration Directive Last updated 16 March 2010 DEPARTMENT OF THE ENVIRONMENT PLANNING AND ENVIRONMENTAL POLICY GROUP GUIDANCE ON:DIRECTIVE 2000/76/EC ON THE INCINERATION OF WASTE Edition2 pp.48-49,August 2007

クロロエチレンが、またダイオキシン類対策特別措置法により、ダイオキシン類が、それぞれ規制対象とされている。表2—1に示されている化学物質のうち、法により規制対象とされているものは、きわめて少ないのである。

また、欧州におけるごみ焼却プラントから排出される重金属の規制対象物質（表2—2）は、日本でいかに重金属の規制が不十分かを如実に示している。

このような日本における不十分な有害物質規制は、政府が国民の生命を守るのではなく、産業界の意向に沿った対応策に終始しているからではないかとの疑念を抱かせる。

二　セシウムはバグフィルターで除去できるか

1　国はセシウムについて知らない

震災がれきに含まれている放射性物質のうち、特に問題視されているのはセシウムである。ところが、従来、放射性廃棄物は廃棄物処理法の適用対象から外れていたため、環境省は、焼却炉内でのセシウムの動向について、よく知らないまま、対策を立ててきている。

そのことを示す事例を二つあげる。

①環境省折衝における回答

二〇一一年八月二十五日に開かれた、福島第一原発事故に伴う放射能の影響とその対策をめぐる関係省庁との折衝において、筆者が、環境省の担当者に「セシウムがごみ焼却プラントでどのような物質に変化するか」と尋ねたところ、「知らない」との回答であった。そこで「焼却炉内の塩化水素とセシウムが高温で混ざると塩化セシウムが生成する」旨を伝えたのであった(1)。

②杉並区内小学校の芝生養生シートの汚染

朝日新聞二〇一一年十一月十三日都内版に「芝生シート高線量の小学校、セシウム九万ベクレル　杉並」という記事がある。(2) 概略は次のとおりである。

区内の小学校の芝生の養生シートが放射能に汚染され、一キログラム当たり九万六〇〇ベクレルの放射性セシウムが検出されたので、その処分方法を環境省に尋ねたところ、シート一キロに対し他の廃棄物を一トン混ぜて焼却すると放射能物質は十分に希釈されると回答し、焼却処分を事実上認めた。

シート一キログラムを他の廃棄物一トンに混ぜるのだから、放射性物質の濃度は、一〇〇〇倍に薄められる。シートは一キログラム九万六〇〇〇ベクレルだったのだから、一〇〇〇倍に薄められて、一キログラム当たり約九一ベクレルになる。

このような希釈方法が認められるならば、どのような高濃度放射性汚染物質も焼却可能になる。希釈したところで、焼却場から排出される放射性物質の総量はまったく変わらない。

明らかに不適切な回答である。

２　バグフィルターとは何か

焼却炉には、公害除去対策としてバグフィルターが設置されており、環境省は「バグフィルターでセシウムを捕捉できる」としている。

では、バグフィルターで本当に放射性物質を捕捉できるのだろうか。それを検討する前に、まず、バグフィルターとは何かをみておこう。

バグフィルター（Bag Filter）は、ＥＩＣネット〔環境用語集〕で、次のように説明されている。(3)

（1）ごみ問題に詳しい化学者村田徳治氏は、「ごみ焼却炉内の高温下では、セシウムを含む物質を焼却すると塩素と結合して塩化セシウムが生成される」と説明している。

（2）http://www.asahi.com/national/update/1213/TKY201112130198.html

（3）ＥＩＣネット〔環境用語集〕
http://www.eic.or.jp/ecoterm/?act=view&serial=2184
バグフィルターの実際の使用事例は、Ｗｅｂ上の次のようなサイトで見ることができる。
(株）山本工作所　http://www.k-yamako.co.jp/frame1.html
バグフィルター設置事例等　http://www.k-yamako.co.jp/bag.html
(株）日立プラントテクノロジー
http://www.hitachi-pt.co.jp/products/energy/bugfilter/index.html
バグフィルターの原理と構造
http://www.hitachi-pt.co.jp/products/energy/bugfilter/architecture/index.html

排出ガスの処理装置の一つ。代表的なろ過集じん装置で、ろ材として織布または不織布を用い、これを円筒状にして工業用集じんに活用されるものをバグフィルターと称する。家庭用の電気掃除機のように排ガスがバグフィルター内に装着されたろ布を通過するとき、排ガス中のダスト成分がろ布表面に堆積されて集じんが行なわれる。ろ布表面のダスト層が厚くなるにしたがい、通気抵抗が増大するので定期的にこのダスト層を払い落として、円滑な集じんが行なえるようにしている。

この説明は一般的な説明であるが、さらに詳しく言えば、「工業用集じん」のためのバグフィルターを作る際は、顧客の用途に応じ、使用温度や風圧等に配慮して素材や薬剤を選択し、その工業で発生する有害物質を捕捉できるように選択された薬剤でバグフィルターをコーティング加工している。つまり、ろ布製造メーカーは、顧客の用途に応じて、素材や薬剤を選択して作っているのであり、バグフィルターで有害物質を捕捉できるか否かの鍵は、素材や薬剤の選択にかかっている。

震災がれき類の焼却に伴う放射能汚染を心配する市民の「バグフィルターでセシウムが捕捉可能か」との質問に対し、ろ布製造メーカーは「できません」と答えているが、これは、素材や薬剤の選択を問わない質問への回答として、ある意味で当然なのである。

バグフィルターの破損事故も問題視されているが、破損事故があることは事実であるものの、頻繁に発生しているわけでもない。また、バグフィルターは一つの部屋に収まっているわけでもない。小規模なプラントは一部屋の可能性もあるが、一般的には、前室・後室、または、前室・中室・後室と二部屋ないし三部屋で構成されている。したがって、バグフィルターに何らかのトラブルがあっても、そのトラブルのあった部屋をバイパスして使用するという運営方法が一般的である。

バグフィルターが有害物質を捕捉できるか否かの鍵はコーティング剤にある。そのため、コーティング剤は企業秘密とされている。また、コーティング剤はダイオキシン捕捉を目的として開発されており、セシウム捕捉を目的としたコーティング剤は皆無である。

3　災害廃棄物安全評価検討会における不透明な審議

福島原発事故に伴い、大量の放射性物質が大気に拡散された。拡散した放射性物質が震災がれきに付着しているが、環境省は、災害廃棄物安全評価検討会での審議を踏まえ、市町村のごみ焼却プラントで震災がれきを焼却しても「バグフィルターでセシウムは九九・九％捕捉可能」と説明した。

しかし、この「災害廃棄物安全評価検討会」（以下、検討会）は不透明であり、次の①〜③のような欠陥をもっていた。

①審議会委員にバグフィルター製造やごみ焼却プラント製造やごみ焼却プラントの維持管理従事者、セシウムの挙動を解析する在野の化学者等の関係者が不在。

②検討会の審議が非公開。

③検討会の際に配布された資料や議事概要は公開されるものの、議事録が非公開のため、どのような検討をしたか検証できない。

審議非公開の理由は、「本検討会は、メンバー各位の率直かつ自由な意見交換を確保するために非公開とさせていただきますが、後日議事概要を公表いたします」と説明された。公開性・透明性が重視される今日、とうてい納得できる理由ではないが、ともあれ、同検討会は、第一回（二〇一一年五月五日）から第一二回（二〇一二年三月十二日）まで非公開で開催され、傍聴ができなかった(4)。

その後、環境総合研究所の鷹取敦氏の情報公開制度を活用した努力の結果、第四回までの議事録が公開された。

公開された議事録によれば、「バグフィルターでセシウムが捕捉可能」が審議されたのは、第三回（二〇一一年六月十九日）であった。その根拠とされたのは、実際のごみ焼却プラントでの震災がれき焼却のデータではなく、ＰＭ２・５[(5)]という微小粒子の捕捉データ（京都大学高岡昌輝准教授からの提供データ）からの推論にすぎなかった。

検討会での審議を踏まえた成果が、二〇一一年八月十一日に制定された環境省「災害廃棄物の広域処理の推進について（東日本大震災により生じた災害廃棄物の広域処理の推進に係るガイドライン）」である。そこでは「十分な処理能力を有する排ガス処理装置が設置されている施設で焼却処理が行なわれる場合には、安全に処理を行なうことが可能」とされたのであった。

このガイドラインは、法的根拠となるものではなく、環境省の担当者が仕事を進めるうえでの一つの考え方を示した文書にすぎない。しかし、多くの都道府県知事や市町村長は、二〇〇〇年四月からの「地方自治の分権の確認」に基づく地方自治のあり方に関する新たな考え方を無視して、従前からの惰性で法的根拠と錯覚して受入れを決めている。

以上のように、「バグフィルターでセシウムが捕捉可能」に科学的にも法的にも確たる根拠はないのに、それを前提にがれきの広域処理が進められているのである。

（４）福島瑞穂社民党党首の参議院の委員会での質疑をとおして政府側の姿勢を質したことや、政府のこの間の議事録作成のあり方が社会問題となった結果、第一三回以降は公開で開催されることとなった。

（５）直径が二・五μｍ以下の超微粒子。微小粒子状物質という呼び方もある。大気汚染の原因物質とされている浮遊粒子状物質（ＳＰＭ）は、環境基準として「大気中に浮遊する粒子状物質であってその粒径が一〇μｍ以下のものをいう」と定められているが、それよりもはるかに小さい粒子。

4　バグフィルターでは気体状・液体状のセシウムは捕捉困難

バグフィルターの欠陥は、固体状のセシウムは捕捉できるが、気体状あるいは液体状のセシウムは捕捉不可能ないし困難なことである。

セシウムの沸点・融点は、他の多くの金属類と比較して低く、沸点は六七八℃、融点は二八・四℃である。

セシウムは焼却炉の中では気体となるが、その後、冷やされて二〇〇℃でバグフィルターを通過する。二〇〇℃では、セシウムは液体状及び気体状（水が常温で蒸発して水蒸気になるように、沸点以下でも気体状になる）である。そのため、ばいじんに付着したセシウムや吹き込まれた活性炭・消石灰に吸着されたセシウムはバグフィルターで捕捉し得るものの、それら以外は通過してしまう。

検討会におけるデータを提供した高岡氏は、霧状（液体状）セシウムが存在しても氏の測定方法では検出できないことを認めている(6)。

また、市民と科学者の内部被曝問題研究会（代表澤田昭二氏）は、「気体状態の放射性セシウムはバグフィルターに捕獲されることはない」、また液体状のセシウムも「固体微粒子となる他の物質と比べて極めて（バグフィルターを）通過しやすい」（括弧内引用者）と指摘している。また、プルトニウムやストロンチウムを無視していることも容認できないと批判している[7]。

したがって、ＰＭ２・５という微小粒子の捕捉結果から類推した検討会の判断は、極めて不十分な根拠に基づいていたことになる。

その後、検討会の「九九・九％」説を補完する見解が、国立環境研究所資源循環・廃棄物研究センター「放射性物質の挙動からみた適正な廃棄物処理処分（技術資料）平成二三年一二月二日第一版」で示された。そこでは、震災がれきの焼却データ（焼却灰のセシウム濃度や煙突出口の排ガス中のセシウム濃度など）に基づいて除去率が算定され、バグフィルター設置の焼却施設では「高効率な除去率（九九・九％以上）が確保されていると考えられます」とされている。

しかし、そこでの排ガスの測定方法は、排ガス中のばいじん測定規格（ＪＩＳ　Ｚ八〇八八）に依っている。つまり、ばいじん（固体）に含まれているセシウムを測定しているのである。「ばいじん」とは「煤塵」と書き、煙や塵埃に含まれる微粒子を意味する。読んで字の如く、それは塵という固体である。したがって、「ＪＩＳ　Ｚ八〇八八」は、気体状・液体状のセシ

（６）http://otomisan.blog.ocn.ne.jp/tomioka/2012/04/post_853f.html
（７）http://blog.acsir.org

ウムを測定しているわけではない[8]。

結局、気体状・液体状のセシウムの挙動は不明というほかはない。焼却炉内で生成する塩化セシウムなどのセシウム化合物についても同様である。

セシウムの挙動を正確に把握している研究者は皆無である。元素の周期律表におけるセシウムと類似した元素からの類推では不十分であることはいうまでもないが、セシウムの正確な測定のためには、測定するための計測機器類の開発、測定方法の確立、測定技術者の育成などの課題を解決しなければならない。

原子力発電所には、作業に伴い発生する、作業着・手袋・ウェース（雑巾）等の廃棄物を専門的に焼却する専用焼却炉が設置されている。

日本アイソトープ協会や廃棄物焼却プラントメーカーらは、放射能を含む廃棄物の専用焼却炉と通常のごみ焼却炉との違いを、①放射性物質が外部に漏洩しないよう、通常のごみ焼却炉の二〜三倍程度の負圧を維持する、②放射性物質を〝ろ過〟する除塵効率の高いフィルターを使う（例えば、昨今では、セラミックフィルター二段とＨＥＰＡフィルターを併設）と説明している。

このセラミックフィルター二段とＨＥＰＡフィルターは、雑多な焼却対象物によって発生する粉塵の性状との相性もあるため、直ちに、地方公共団体（市町村）や産業廃棄物処理会社の所有するごみ焼却炉に適用できるか、疑問である。

この点からも、震災がれきを通常のごみ焼却炉で燃やすことは問題である。

気体状・液体状のセシウムは、バグフィルターで捕捉されずに煙突から排出され、主としてごみ焼却炉周辺の地域を汚染することになるが、京都大学大学院工学研究科の河野益近氏が、「島田市の試験焼却前後における松葉の放射能調査結果について」という報告書を二〇一二年三月三一日に公表し、ネット上で公開している。[9] 検証のためのデータ数が少ない点や福島原発事故以前のデータが不明な点もあるものの、調査結果は、セシウム濃度が焼却炉の風下の地点で高くなっており、バグフィルターで十分に捕捉できていない可能性があることを示している。

国は、あくまで広域処理を進めるならば、情緒的な説明を行なう前に、震災がれきを処理する過程で発生する、セシウムをはじめとする放射性物質、及びその他の有害物質の詳細な

（8）原発からの排出に関しては「発電用軽水型原子炉施設における放出放射性物質の測定に関する指針」により、五〇リットル／分で一週間の採取をして測定することが必要とされているのに対し、「ＪＩＳ Ｚ八〇八八」では、四時間で三㎥の排ガスをろ過して測定することとなっており、採取する排ガス量は、わずかに一六八分の一にすぎない。

（9）http://ameblo.jp/datsugenpatsu1208/entry-11210663662.html を参照。 http://www.savechildrengumma.com/files/shimadacity_report.pdf

調査を行なう必要がある。

広域処理に対して放射能汚染の危機感を持っている広範な国民に対し、国はその責任を負っている。

第3章　放射性物質を汚染循環に入れる愚策

一　放射性廃棄物はいかに処理されてきたか

1　放射性廃棄物の種類

放射性廃棄物は主として二種類に分けられる。

一つは「低レベル放射性廃棄物」で、原発の運転に伴って発生する、紙・布・フィルター・金属・コンクリートなどである。

もう一つは「高レベル放射性廃棄物」で、再処理（原子炉内で発電に利用された後の使用済み核燃料からウラン、プルトニウムを分離し、取り出すこと）に伴い発生する放射能レベルの高い廃液やこれをガラス固化したものである。

放射性廃棄物には、そのほか、再処理やＭＯＸ燃料（再処理で取り出したプルトニムをウランと混ぜて作る燃料で、原発で燃やす）加工に伴って発生する「超ウラン廃棄物（ＴＲＵ廃棄物）」、ウランの転換・成型加工・濃縮等に伴って発生する「ウラン廃棄物」、放射性同位元素（ラジオアイソトープ）の医療用・研究用・工業用などの利用に伴い発生する「ＲＩ・研究所等廃棄物」がある。

低レベル放射性廃棄物は、放射性物質の濃度により、次の三種類に分類されている。

①放射性物質の濃度の比較的高い低レベル放射性廃棄物
②放射性物質の濃度の比較的低い低レベル放射性廃棄物
③放射性物質の濃度の極めて低い極低レベル放射性廃棄物

そして、極低レベル放射性廃棄物よりもさらに放射性物質の濃度の低い廃棄物は、「放射性廃棄物として扱う必要のないもの」とされている。低レベル放射性廃棄物（①〜③）と「放射性廃棄物として扱う必要のないもの」とを区分する基準は「クリアランスレベル」と呼ばれ、クリアランスレベル以下の濃度で「放射性廃棄物として扱う必要のない廃棄物」は「クリアランス廃棄物」と呼ばれる。

２　放射性廃棄物の処分方法

放射性廃棄物は「廃棄物処理法の適用対象外」とされ、原子炉等規制法によって規制されている。

原子炉等規制法（正式名称「核原料物質、核燃料物質及び原子炉の規制に関する法律」）は、一九五七年に制定されたが、放射性廃棄物の廃棄の事業に関する規定は含まれていなかった。当時は、放射性廃棄物は、ドラム缶に詰めて地下に埋めればよいと簡単に考えられていたためである。(1)

図3—1　放射性廃棄物の処分方法

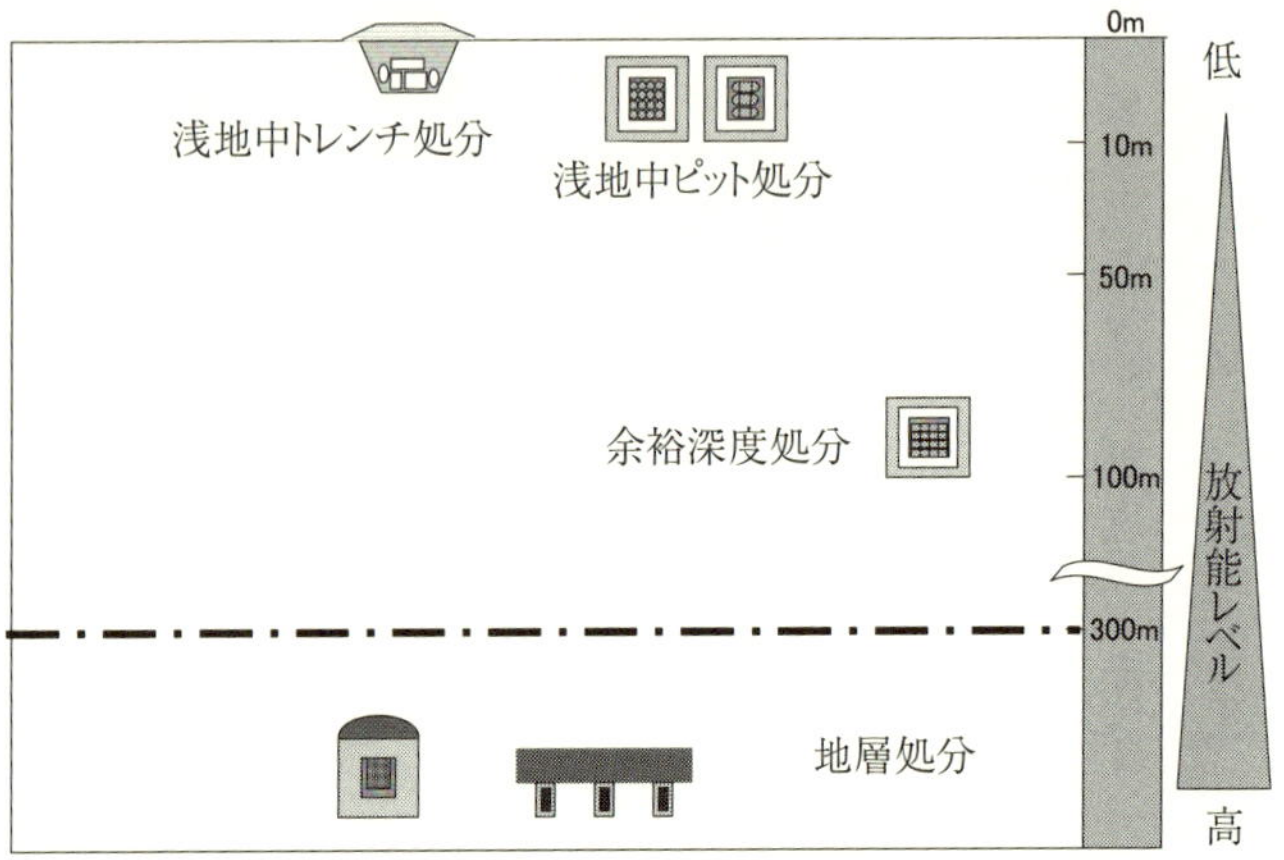

出所：総合エネルギー調査会原子力安全・保安部会廃棄物安全小委員会「低レベル放射性廃棄物の余裕深度処分に係る安全規制について」(2008年1月18日)

一九八〇年頃には、海洋投棄という方法がめざされ、北太平洋の海底への試験投棄が行なわれるとともに、法令も整備された。しかし、一九八三年にロンドン条約（廃棄物その他の物の投棄による海洋汚染の防止に関する条約）の締約国会議で「放射性廃棄物の海洋投棄の凍結」が決議され、海洋投棄は断念せざるを得なくなった。

そのため、地下処分しかないということになり、法制定から約三十年後の一九八六年五月、原子炉等規制法改正により、放射性廃棄物の廃棄の事業に関する規定が設けられた。

放射性廃棄物の地下処分には、図3—1にみるように、次の四通りの方法がある。

①浅地中トレンチ処分：深度数メートルの地中に造ったトレンチに処分
②浅地中ピット処分：容器やドラム缶に詰めたうえで深度数メートルの地中に造ったコンクリートピットに処分
③余裕深度処分：容器やドラム缶に詰めたうえで深度五〇～一〇〇メートルの地下に処分
④地層処分：ガラス固化体にし、容器に詰めたうえで深度三〇〇メートル以上の地下に処分

原子炉等規制法では、④は「第一種廃棄物埋設」、①～③は「第二種廃棄物埋設」とされており、第二種廃棄物埋設のうち浅地中トレンチ処分は茨城県東海村の日本原子力研究開発機構の敷地内で、浅地中ピット処分は六ヶ所低レベル放射性廃棄物埋設センターで、それぞれ実施されている。余裕深度処分は六ヶ所低レベル放射性廃棄物埋設センターで実施することが検討されている。第一種廃棄物埋設の実施個所については、まったくめどが立っていない。

以上の放射性廃棄物の種類と処分方法は表3―1のように整理できる。

（1）放射性廃棄物の処分の歴史については、西尾漠『どうする？放射能ごみ』を参照した。

表3—1　放射性廃棄物の種類と処分方法

放射性廃棄物			処　分			
対象廃棄物		放射性物質の濃度	方　法	地下深度	原子炉等規制法における区分	実施個所
低レベル放射性廃棄物	コンクリート、金属など	極めて低い	浅地中トレンチ処分	数メートル	第二種廃棄物埋設	東海村の日本原子力研究開発機構の敷地内
	廃液固化体など	比較的低い	浅地中ピット処分	数メートル		六ヶ所低レベル放射性廃棄物埋設センター
	濃縮廃液、炉心等廃棄物など	比較的高い	余裕深度処分	50 ～ 100 メートル		六ヶ所低レベル放射性廃棄物埋設センター（検討中）
高レベル放射性廃棄物		極めて高い	地層処分	300 メートル以上	第一種廃棄物埋設	未定

注：炉心等廃棄物とは、廃炉に伴って排出される制御棒などの放射性廃棄物。

原子力安全委員会が二〇〇七年五月に取りまとめた報告書「低レベル放射性固体廃棄物の埋設処分に係る放射能濃度上限値について」では、各処分方法の対象となる放射性廃棄物中の放射性核種濃度の最大値、すなわち濃度上限値の推奨値が示されている。それによればセシウム137の濃度上限値の推奨値は、浅地中トレンチ処分10^5ベクレル／kg、浅地中ピット処分10^{11}ベクレル／kgとされている。

放射能を封じ込める方法としては「多重バリア」が採られ、たとえば、高レベル放射性廃棄物の地層処分の場合には、ガラス固化体にしたうえで、金属製の容器に入れ、緩衝材が詰められた岩盤の地層の中に処分される。すなわち、バリア1：ガラス固化体、バリア2：金属製の容器、バリア3：緩衝材（粘土）、バリア4：岩盤という四重のバリアが設けられるのである。

３　クリアランスレベル基準値はいかに決められているか

では、極低レベル放射性廃棄物とクリアランス廃棄物を区別するクリアランスレベルは、どのように決められているのだろうか。

日本のクリアランス制度は、原子力安全委員会等において、一九九七年五月から二〇〇五年三月にかけて検討が行なわれた。クリアランスレベルは、ＩＣＲＰ（国際放射線防護委員会）やＩＡＥＡ（国際原子力機関）等の考え方を取り入れ、個人線量で年間約一〇マイクロシーベルト（μSv）、いいかえれば、〇・〇一ミリシーベルト（mSv）が妥当であるとされている。一般の人について、法令で定められた年間被曝量一ミリシーベルトの一〇〇分の一として決められているのである。(2)

(2) 生体（人体）が放射線に照射されたとき、生体（人体）の吸収線量を示す単位がグレイ（記号Gy）である。生体（人体）が受けた放射線の影響は、受けた放射線の種類と対象組織によって異なるため、吸収線量値（グレイ）に、放射線の種類及び対象組織ごとに定められた修正係数を乗じて線量当量（シーベルト）を算出する。要するに、グレイは生体（人体）が受けた放射線の線量値、シーベルトは、それによって生体が受けるダメージを表わす線量値である。ミリシーベルトは一〇〇〇分の一シーベルト。マイクロシーベルトは一〇〇万分の一シーベルトである。

表3—2　クリアランスレベル基準値

放射性核種	基準値		
	原子力安全委員会		IAEA安全指針
	当初	再評価	
H-3（トリチウム）	200	60	100
Mn-54　（マンガン）	1	2	0.1
Co-60　（コバルト）	0.4	0.3	0.1
Sr-90（ストロンチウム）	1	0.9	1
Cs-134（セシウム）	0.5	0.5	0.1
Cs-137　（セシウム）	1	0.8	0.1
Eu-152（ユーロピウム）	0.4	0.4	0.1
Eu-154（ユーロピウム）	0.4	0.4	0.1
全α核種	0.2	0.2	0.1

注：西尾漠『どうする？放射能ゴミ』及び総合エネルギー調査会原子力安全・保安部会　廃棄物安全小委員会「原子力施設におけるクリアランス制度の整備について」（2004年9月14日、2004年12月13日改訂）より作成。

クリアランス制度は、放射能が一定のレベル以下は、放射性廃棄物として扱わないことから「スソ切り」とも呼ばれる。それが導入されたのは、原発が老朽化して、遠からず廃炉を迎えることが予測されたからである。原発一基が廃炉になると、放射能を有する約五〇トンの大量の廃棄物が発生する。そのすべてを放射性廃棄物として扱うと莫大なコストがかかる。そのため、クリアランス制度を導入して、廃炉に伴う廃棄物の大部分を放射性廃棄物としてではなく、通常の産廃として扱ったり、再生利用したりすることとしたのである。実際、クリアランスレベルの導入により、廃炉に伴う廃棄物のうち九八～九九％を「通常の産廃」として扱えることになった。

日本では、原子力安全委員会による緩いクリアランスレベル基準値（当初一九九九年三月、再評価二〇〇四年十二月）に代わり、総合エネルギー調査会原子力安全・保安部会廃棄物安全小委員会「原子力施設におけるクリアランス制度の整備について」（二〇〇四年十二月）に基づき、ようやくＩＡＥＡ安全指針値が採用されることとなった。原子力安全委員会による基準値とＩＡＥＡ安全指針値とを比較すると、表３―２のようである。

ＩＡＥＡ安全指針値では、セシウム１３４、セシウム１３７は、いずれも〇・一ベクレル／ｇとされている。キログラム当たりに換算すれば、一〇〇ベクレル／kgである。すなわち、一〇〇ベクレル／kg以上であれば「低レベル放射性廃棄物」とされる一方、一〇〇ベクレル／kg未満であれば「通常の廃棄物」とされ、廃棄物処理法にいう産廃として処理ないしリサイクルがなされるのである。

二　がれき処理の基準値はＩＡＥＡ安全指針に反する

１　八〇〇〇ベクレル／kgの基準値は八〇倍の基準緩和

第１章一で述べたように、震災がれきの処理にあたり、国は、廃棄物処理法上の廃棄物とするか否かの基準値を「放射性セシウム濃度八〇〇〇ベクレル／kg」とした。ここで「放射性セシウム濃度」とは「セシウム１３４とセシウム１３７の合計値」とされている。

表3―2に示されている基準値は、それぞれの核種ごとに〇・〇一ミリシーベルト／年に相当する放射線核種濃度として導き出されたものである。要するに、それぞれの核種が単独で含まれている場合の基準値である。複数の核種が含まれている場合には、それらの重畳効果を考慮しなければならず、対象物質に含まれる核種のそれぞれについて、その濃度（D）を表3―2に示されている当該核種単独のクリアランスレベル（C）で割った値の合計が一以下になるようにしなければならない（「原子力施設におけるクリアランス制度の整備について」一八頁）。

セシウム134とセシウム137の二つの核種を考慮する場合には、それぞれ一〇〇ベクレル／kgがクリアランスレベル基準値になるのではなく、例えばセシウム134の基準値を六〇ベクレル／kgとすれば、セシウム137の基準値は四〇ベクレル／kgとなる。セシウム134とセシウム137のクリアランスレベルは、いずれも一〇〇だから、六〇／一〇〇＋四〇／一〇〇＝一となるのである。

結局、IAEA安全指針値に基づく「放射性セシウム（セシウム134とセシウム137）」の基準値は一〇〇ベクレル／kgとなる。(3)

したがって、震災がれきの処理にあたり、国が採用した「放射性セシウム濃度八〇〇〇ベクレル／kg」という基準値はIAEA安全指針に反している。IAEA安全指針に基づけば、放射性セシウム濃度の基準値は一〇〇ベクレル／kgでなければならないはずである。

２　八〇〇〇ベクレル／kgの根拠は何か

クリアランスレベル基準値一〇〇ベクレル／kgと震災がれきの処理の基準値八〇〇〇ベクレル／kgの二つの基準について、環境省は、「ひとことで言えば、一〇〇ベクレル／kgは『廃棄物を安全に再利用できる基準』、八〇〇〇ベクレル／kgは『廃棄物を安全に処理するための基準』です」と説明している（環境省廃棄物・リサイクル対策部「一〇〇ベクレル／kgと八〇〇〇ベクレル／kgの二つの基準の違いについて」）。しかし、従来から、一〇〇ベクレル／kgを超える廃棄物は、低レベル放射性廃棄物として扱われて基本的には地中処分されてきたのであり、この弁明は明らかに嘘である。

では、八〇〇〇ベクレル／kgは何を根拠に定められたのだろうか。

環境省は、「広域処理情報サイト」において、その根拠を次のように説明している。

（３）セシウム以外の核種についても、それらのＤ／Ｃの総和が放射性セシウムを含めたあらゆる核種のＤ／Ｃの総和の一〇％以上の場合には考慮しなければならないが、一〇％未満の場合には無視できるとされており（「原子力施設におけるクリアランス制度の整備について」一八、一九頁）、環境省「広域処理情報サイト」によれば、宮城県・岩手県の震災がれきについては無視できるとされている。

原子力安全委員会が平成二十三年六月三日にとりまとめた「東京電力株式会社福島第一原子力発電所事故の影響を受けた廃棄物の処理処分等に関する安全確保の当面の考え方」に示された次の目安を評価の目安としました。

①処理に伴って周辺住民の受ける追加的な線量が一ミリシーベルト／年を超えないようにする。

②処理を行う作業者が受ける追加的な線量が可能な限り一ミリシーベルト／年を超えないことが望ましい。比較的高い放射能濃度の物を取り扱う工程では、電離放射線障害防止規則を遵守する等により、適切に作業者の受ける放射線の量の管理を行う。

③埋立処分場の管理期間終了後に周辺住民が受ける追加的な線量が〇・〇一ミリシーベルト／年を超えないようにする。

このように、八〇〇〇ベクレル／kgは、処理に伴う周辺住民や作業者の被曝量の上限を一ミリシーベルト／年としたうえで算出されている。

他方、日本のクリアランスレベル基準値としてＩＡＥＡ安全指針値を採用することを提言した前掲「原子力施設におけるクリアランス制度の整備について」においては、個人の被曝量が〇・〇一ミリシーベルト／年が妥当であるとしてクリアランスレベル基準値が定められている。

この被曝量上限値の違いが一〇〇ベクレル／kgと八〇〇〇ベクレル／kgの二つの基準の違いの最も大きな原因である。この違いだけからも、八〇〇〇ベクレル／kgはＩＡＥＡ安全指針に適合しているとは言えず、八〇倍も緩和されていることになる。

そのうえ、環境省は、八〇〇〇ベクレル／kg～一〇万ベクレル／kgの焼却灰について、当初は一時保管をすることとしていたものの、二〇一一年八月三十一日付けで「①隔離層の設置による埋立、②長期間の耐久性のある容器等による埋立、③屋根つき処分場での埋立のいずれかの方法で埋立処分することができる」旨の技術的助言を行なった。一〇万ベクレル／kgは、実に一〇〇〇倍もの基準緩和にあたる。

３　単位重量当たり濃度を表面の汚染密度から導くカラクリ

そもそも日本のクリアランスレベル自体、外国と比べると緩く設定されている。

クリアランスレベル基準値はベクレル／kg、すなわち単位重量当たりの濃度で決められているが、「原子力施設におけるクリアランス制度の整備について」では、対象物の汚染が表面汚染のみの場合、単位重量当たりの濃度をがれきの表面の汚染密度から算出することとされている（一九頁）。すなわち、単位重量当たりの濃度は、対象物の表面汚染密度に表面積を乗じ、重量で除すことによって求められる。

しかし、この算出方法では、表面汚染密度は同じだがさまざまな大きさのがれきがある場合、大きながれきほど単位重量当たりの濃度が低く算出されることになる。例えば、対象物が立方体の場合、一辺が二倍になれば、表面積は四倍になり、重量は八倍になる。単位重量当たりの濃度は、表面汚染密度に表面積をかけて重量で割って算出されるから、二分の一になる。一辺が三倍になれば三分の一になる。球形でも同じである。どのような形状であれ、相似形どうしでは、同様の関係が成り立つ。

したがって、がれきの単位重量当たりの濃度は、どのような大きさで測るかによって、大きく左右される。

測定対象物の大きさについて、「原子力施設におけるクリアランス制度の整備について」には「通常、数トン以内が適切」（一九頁）という表現しかなく、厳密には決められていない。そのうえ、「数トン以内が適切」という表現の後に「対象物の放射性核種濃度が均一であるものについては、これを超える単位で評価することもできる」とされている。

これでは、大きな塊で測れば測るほど、単位重量当たりの濃度を低くできることになる。

また、同様に、外側が高濃度に汚染され、内側は汚染されていない壁のような厚みのある構造物については、どの程度の厚さで測るかが問題となるが、厚さについては「適切な評価厚さを選定する必要がある」（一九頁）とされているだけである。

他方、「ＥＵで提案されている金属スクラップのリサイクル対するクリアランスレベル」（http://www.rist.or.jp/atomica/data/pict/11/11030405/05.gif）においては、核種の質量密度（ベクレル／g）だけでなく、表面汚染密度（ベクレル／㎠）についても基準値が定められている。セシウム１３４では一〇、セシウム１３７では一〇〇である。表面汚染密度の基準値も定めておけば、大きさや厚さを大きくすることによるごまかしを防ぐことができるのである。日本のクリアランスレベルや震災がれき処理の基準で表面汚染密度の基準値を設けていないことは、大きさや厚さによるごまかしをするためと批判されてもやむを得ない。

４　ガイガーカウンターではベクレルを測れない

福島原発事故以降、ガイガーカウンター（空間線量計あるいは放射線測定器とも呼ばれる）を持つ市民が増えたが、ガイガーカウンターでは食品表面のシーベルトを測ることはできても、食品中のベクレルを測ることはできない。食品中のベクレルを測るには、ゲルマニウム半導体測定器などでの分析を必要とする。

がれきも同じである。がれき表面のシーベルトをいくら測ってもがれき中のベクレルを測ることはできない。がれきの広域処理を訴えるため、政治家などがガイガーカウンターでがれき表面やコンテナ表面のシーベルトを測るパフォーマンスを繰り返していたが、あれは、素人を騙すための芝居である。

関連して、二〇一二年三月二十三日MSN産経ニュースを紹介しよう。

ツバメの巣から一四〇万ベクレル　離れれば「影響なし」

環境省は二三日、東京電力福島第一原発から約三キロ離れた福島県大熊町にある建物の壁で採取したツバメの巣から、一キログラム当たり約一四〇万ベクレルの放射性セシウム（セシウム134と137の合計）を検出したと発表した。

環境省によると、巣はセシウム濃度が高い付近の田んぼの泥や枯れ草を集めて作ったとみられる。千葉市の放射線医学総合研究所（放医研）に運び、巣表面の放射線量を測定すると毎時二・六マイクロシーベルトだったが、約五〇センチ離れると同〇・〇八マイクロシーベルトに下がったことから、同省は「近づかなければ巣による人への影響は無視できると考えられる」としている。

この記事に基づけば、ツバメの巣が一キログラム当たり約七万ベクレルの場合、表面で毎時〇・一三マイクロシーベルト、約五〇センチ離れると毎時〇・〇〇四マイクロシーベルトになる。一キログラム当たりベクレルでは八〇〇〇をはるかに超えるが、シーベルトでは全く問題視されない値である。

がれきでもツバメの巣と全く同じことが起こるはずである。要するに、ガイガーカウンターで測るだけでは高ベクレル物質を素通りさせることになるのである。

では、がれき受入れに際して、放射能測定はどのように行なわれているのか。

岩手県宮古市のがれきを東京都が受け入れる際、宮古市では、一次仮置場で、コンテナ積込み後のコンテナ外側の空間線量率（大気中の放射線量）や遮蔽線量率（災害廃棄物を鉛の箱に入れ、外部の放射線を遮断したうえで測定される廃棄物自体からの放射線量）、及び可燃物の放射能濃度がそれぞれ測定されているが、空間線量計ではベクレルをチェックできないため、不燃物は素通りしているに等しい。受入れ側の都では、破砕処理後に可燃物・不燃物について、また焼却後の集じん灰について、それぞれ放射能濃度の測定が行なわれているものの、測定の頻度は月一回にすぎない。

また、福島原発事故によって放出されたプルトニムやウランはα線を出す核種であり、α線は透過力が弱いため、コンクリートなどで覆われている場合には、検知は困難である。しかし、α線核種は体内に入ると強烈な内部被曝をもたらす。

これでは、充分なチェックがなされているとはいえまい。

5　基準緩和は何のためか

では、何のためにがれき処理基準値がIAEA安全指針値を緩めて定められたのか。いうまでもなく、がれき処理基準値八〇〇〇ベクレル／kgは、本来、放射性廃棄物として処理しなければならない震災がれきを廃棄物処理法上の「通常の廃棄物」として処理するために行なわれたといえる。これにより、処理やリサイクルのための費用も労力も著しく少なくて済むことになった。

もう一つは、東京電力（以下、東電）の免責である。震災がれきが放射性廃棄物として処理される場合には、東電の責任が問われ、東電が費用負担することになるが、基準値が極めて緩く設定されたことにより、東電は免責され、費用も国が税金（復興財源）で負担することになったのである。

三　産廃はいかに処理・リサイクルされているか

放射性物質を含む震災がれきが廃棄物処理法上の一廃や産廃として処理されて、放射能汚染をもたらすことはないのだろうか。そもそも、一廃や産廃は環境汚染をもたらさないように、適切に処理・リサイクルされているのだろうか。

一廃や産廃の処理・リサイクルの実態を知る者からいえば、答えは否である。むしろ、確実に環境汚染につながるといえる。以下に、その理由を説明しよう。

１　地下水汚染をもたらす処分場

一廃や産廃は、乾燥・焼却・中和などの中間処理を経て、最終処分場に埋め立てられる。最終処分場には、図３―２に示すように、安定型、管理型、遮断型の三種がある。

【安定型処分場】

水に溶けないとされる、ゴムくず、金属くず、廃プラスチック、ガラス及び陶磁器くず、がれき類（安定五品目と呼ばれる）のみが搬入されることになっているため、処分場であることを示す立札やフェンスなどがあるだけの簡易な構造である。

【管理型処分場】

底面・側面に遮水シートを敷き、処分場に埋設した集水管で汚水を集めて汚水処理施設に導き、そこで処理して放流するというシステムになっている。ポイントとなる構造は、遮水シート・集水管・汚水処理施設である。この処分場には水溶性の廃棄物で、コンクリート固形化する前あるいはコンクリート固形化した後に溶出試験をパスした産廃と一廃が埋め立てられる。

【遮断型処分場】

コンクリートの箱の中にコンクリート固形化した産廃を入れ、コンクリートで蓋をするというもので、さらに雨水を避けるために屋根が設けられる。文字通り、外部と遮断された構造として設計されている。運び込まれる廃棄物もコンクリート固形化した後に溶出試験をパスしない有害産廃に限定されている。

しかし、これら三種の処分場のいずれも、廃棄物に含まれる汚染物質が地下水汚染をもたらすことを防止できない。震災がれきの搬入が予定されている安定型及び管理型について、その理由を述べていこう。

①搬入物をチェックできない

安定型処分場が汚染を防止できない大きな理由は、処分場に持ち込まれるものを完璧にチェックすることは不可能だからである。

図3―2 三種類の最終処分場

①安定型処分場：安定五品目を受け入れる。

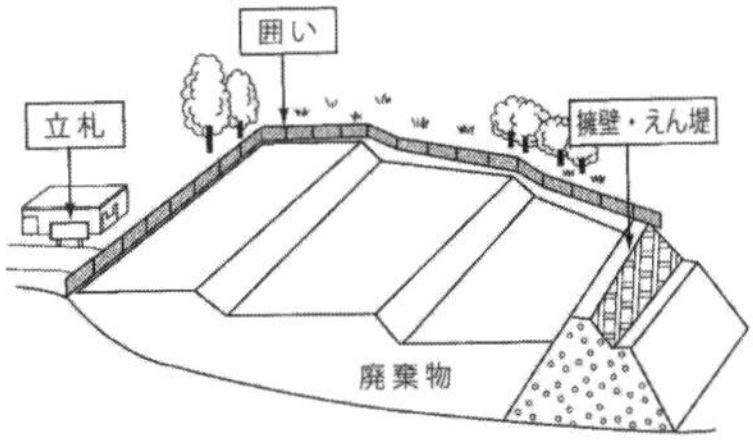

②管理型処分場：遮水シート、集水管、汚水処理施設で地下水汚染を防ぐ。

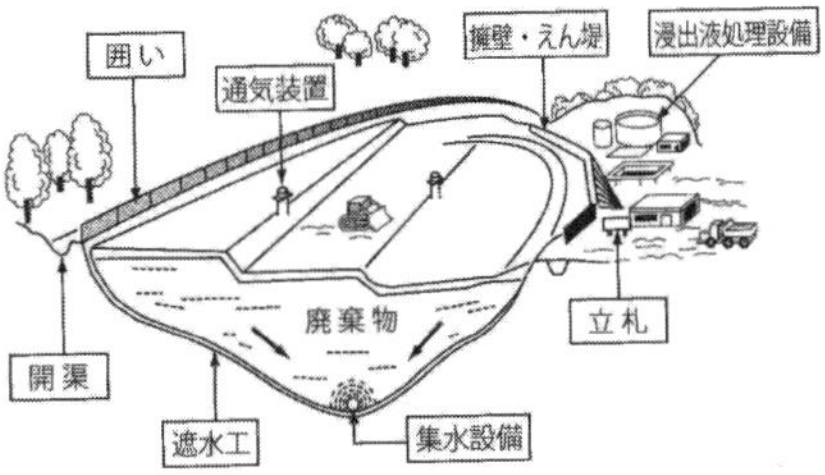

③遮断型処分場：コンクリートの箱にコンクリート固形化した有害廃棄物を入れる構造。

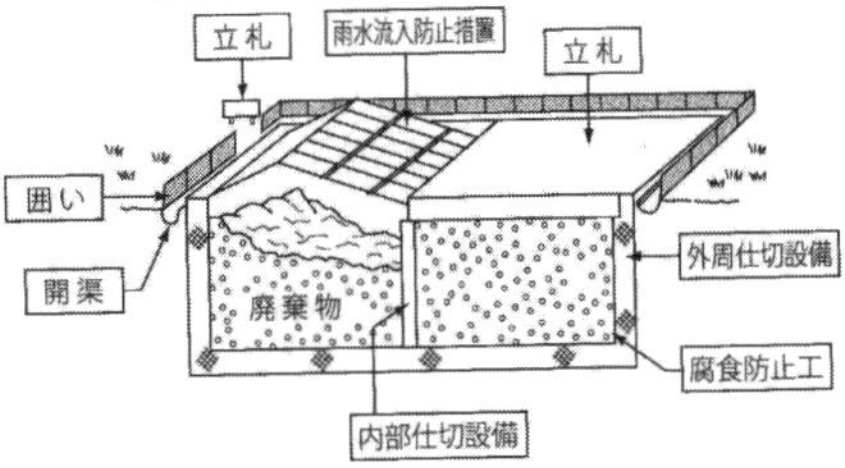

出所：拙著『日本の循環型社会はどこが間違っているのか？』21頁

安定型処分場は、建前上は、水に溶けない安定五品目を受け入れるだけであるから水質汚染をもたらすはずはない。しかし、実際には安定型処分場が全国各地で水質汚染をもたらしている。付着物が溶出したり廃プラスチック自体からも添加剤が溶出したりすることが一因であるが、さらに、建前上は運び込まれないはずの水質汚染を引き起こす産廃が混入しているからである。

②遮水シートの破損

管理型処分場が汚染を防止できない理由の一つは、遮水シートがしばしば破れることである。広大な処分場の底面・側面に余すところなく遮水シートを敷き詰めなければならないため、何枚ものシートを継ぎ合わせることになるが、シート自体がもろくて容易に穴があく素材であるうえ、とくにその接合部が容易に裂けたり、剥がれたりする。また、場所によって埋設廃棄物の重量が異なるため地盤が不等沈下して、その段差によってシートに引っ張りが生じ、破損の大きな原因になっている。

③遮水シートの劣化

管理型処分場では、遮水シートで雨水、汚水の漏れを防ぎ、集水管で汚水処理施設に運んで処理するしくみになっており、処分場管理者は、「汚水処理施設で処理をしてきれいな水を放流しますから、水質汚染の恐れはありません」と説明する。しかし、この説明は、ごまかしの説明である。

汚水処理施設では、微生物に汚染物質を食べさせたり、薬品を投入して汚染物質を沈殿させたりする。汚染物質が豊富にある条件下では微生物は増殖していくから、適宜増えすぎた分を取り除かなくてはならない。また、薬品処理によって沈殿した汚染物質も除去する必要がある。

除去されたものは余剰汚泥と呼ばれるが、この中には汚水中の有害物質が高濃度に含まれることになる。

汚水中から除去された有害物質は、余剰汚泥という廃棄物になって、脱水・乾燥などの中間処理をされた後、焼却されたり埋め立て処分されたりする。焼却された余剰汚泥の中の有害物質は、大気中に放出されるか、バグフィルターなどによって捕捉されて廃棄物（ダスト）となって、また処分場に埋め立てられる。

つまり、処分場の汚染物質は、放流水に含まれて環境中に排水される分、あるいは焼却によって大気に排出される分以外は、すべて処分場と汚水処理施設の間の往復運動を続けることになる。

しかし、地下水汚染を防ぐ鍵となる遮水シートは、時間とともに必ずや劣化していく。日本遮水工協会のホームページに掲載されている「廃棄物最終処分場遮水シート取扱いマニュアル」(http://www.nisshakyo.gr.jp/pdf/yoryo.pdf)には、「遮水シート劣化に対する留意事項」として「遮水シートは時間とともに劣化が進行するので、定期的に露出部の遮水シートの抜き取り検査を実施して、劣化状況を把握し、必要に応じて貼り直すことも考慮しておく必要があります」と記されている。埋立中においてさえ「必要に応じて貼り直す」必要があるのだから、ましてや、埋立完了後には、数年のうちにシートが劣化して汚水が染み出すことになる。

遮水シートがもろいことから、近年では、二重の遮水材(二重の遮水シート、または、粘土もしくはアスファルト・コンクリート+遮水シート)にすることが義務づけられるようになったが、数年〜数十年の長期で見れば水質汚染を防げないことには何の変わりもない。

ちなみに、廃棄物の最終処分は内陸のみならず、海面埋立によって行なわれることもある。海面埋立は、一定の区域の海水を護岸で囲み、その中に廃棄物を投入して、徐々に海水と廃棄物とを置換することによって行なわれる。しかし、護岸もまた海水を通す。海面埋立の護岸は、満潮時には海側からの圧力を受け、干潮時には陸側からの圧力を受けて右に左に揺れを繰り返すため、海水をある程度通さなければ、護岸自体がもたなくなるからである。

2　不法投棄が横行する産廃処理市場

産廃の不法投棄があとを絶たないことは広く知られている。検挙される件数だけでも年間二〇〇〇件を超えており、公害事犯の過半数を占めている。そのうえ、検挙される件数は氷山の一角にすぎず、発覚しないもの、発覚しても犯人が見つからないものを含めれば数万件にのぼるはずである。

不法投棄が横行するのは、排出事業者が産廃の処理費にお金をかけたくないために「安上がりの処理」をめざすからである。不法投棄は、究極の「安上がりの処理」なのである。

産廃の処理責任は排出事業者にあるとされ、事業者自ら処理するか、処理業者に処理を委託することとされているが、産廃の不法投棄の約六割程度が排出事業者自身によって行なわれ、残りが処理業者によって行なわれている。

処理業者による不法投棄の背景には、処理業者の過当競争がある。日本には約一一万社もの処理業者が存在し、過当競争が行なわれているため、排出事業者によって適正な処理料金が支払われないことが多いのである。適正な処理料金以下の料金しか受け取れなかった処理業者は、管理型処分場に持ち込むべき産廃を安定型に持ち込むなどの「安上がりの処理」、ひいては不法投棄に走るしかない。

行政が産廃の不法投棄に手をこまぬいていたわけではない。

行政がこれまでに講じた最大の不法投棄対策は 廃棄物管理票（マニフェスト）制度である。これは、排出事業者が産廃を処理業者に委託する際に廃棄物管理票を渡し、運搬、中間処理、最終処分と産廃が移動するたびにそれぞれの処理業者が管理票に記入して排出事業者に送り、それによって排出事業者が処理の流れを把握できるようにする制度である。処理の流れを「廃棄物管理票」によって事業者に把握させ、それによって不法投棄を防ごうとする制度で、事業者は、年に一度管理票に関する報告書を作成して知事に提出しなければならない。

しかし、産廃の不法投棄の約六割程度が排出事業者自身によって行なわれていることから窺えるように、「安上がりの処理」をめざす排出事業者が廃棄物管理票制度を守る保証は全くない。

廃棄物管理票制度の効果が薄いために環境省が近年講じている不法投棄対策が「産廃処理業者の優良性評価制度」である。これは、評価を希望する産廃処理業者について、①遵法性、②事業の透明性（情報公開）、③環境保全への取組み、という三つの観点から定められた全国統一の評価基準に適合しているか否かを都道府県などが評価し、適合確認した業者名を広く公表する制度である。

しかし、優良性評価制度の効果もはかばかしくない。なぜなら、一部の優良な処理業者が適合確認を受けたところで、また、優良な排出事業者が適合確認を受けた処理業者に委託することになったところで、そもそも優良でない処理業者や排出事業者によって行なわれている不法投棄の減少につながることはないからである。

震災がれきが、以上のような性質を持つ産廃処理市場に委ねられれば、不適正な処理や不法投棄によって放射能汚染が広がることは必然である。

3　リサイクルは最も危険

処理がだめならリサイクル（再生利用）はどうであろうか。

近年、リサイクル意識が高まり、「リサイクルはいいことだ」との認識が広がっているが、実は、リサイクルは最も危険である。

リサイクルと一口に言っても、さまざまなリサイクルがある。大別すると、「集中型リサイクル」と「拡散型リサイクル」に分けられる。

集中型リサイクルは、「廃棄物となった製品から同じ製品をつくるようなリサイクル」（ガラス瓶からガラス瓶をつくるようなリサイクル）、あるいは「廃棄された製品から特定の物質を取り出し、再び原料として使用するようなリサイクル」（電池から重金属を取り出し、再び電池などに使用するようなリサイクル）である。

他方、拡散型リサイクルは、「再生製品を、地面に接して又は地中で利用するようなリサイクル」（土壌改良剤、土壌補強材などに利用するリサイクル）、あるいは「再生製品を一定期間使用した後には廃棄物として処分しなければならないようなリサイクル」（路盤材や骨材などに利用するリサイクル）である。

環境汚染や廃棄物減量の面から見ると、集中型リサイクルと拡散型リサイクルとは全く異なる。集中型リサイクルは、汚染をもたらす恐れが少ないうえ、廃棄物の減量につながる。他方、拡散型リサイクルは、土壌や地下水などを汚染する恐れがあるうえ、長期的に見れば、廃棄物を増量させていることになる。

拡散型リサイクルは、厳密に考えれば、「リサイクル」とは名ばかりで、実質的には、地中に投棄しているだけ、あるいは廃棄物処分場までの一方通行は変えずに単に寄り道させているだけのことである。

拡散型リサイクルでは、偽装リサイクルも横行している。

偽装リサイクルの典型例がフェロシルト事件である。フェロシルトとは、石原産業[4]が生産、販売していた土壌補強材・土壌埋戻材で、三重県によって県の「リサイクル製品利用推進条例」に基づくリサイクル製品に認定された。

ところが、その後、フェロシルトに環境基準を超える六価クロム、フッ素、放射性物質のウランやトリウムなどが含まれていることが判明し、石原産業の会社幹部が逮捕される事態にまで進展した。官民が共謀した、有害リサイクル製品を推奨品とした「偽装リサイクル」だったのである。

4　日本は汚染循環型社会

処理やリサイクルがずさんでも、環境汚染の規制が十分になされていれば、汚染はチェックされることになる。ところが、日本における環境汚染の規制は抜け道だらけである。たとえば、水銀の場合、排水口から排出される場合には水質汚濁防止法で規制されるが、煙突から排出される場合には法に基づく規制はない。つまり、自由に排出できる抜け道が用意されているのであり、これでは、水質における法規制も意味を持たないことになる。

環境汚染の規制は、大気・水質・土壌のすべてにわたって設けられて、初めてそれぞれの規制も意味を持つ。

日本における有害金属に関係する法律に基づく規制をまとめた表3―3によれば、大気・

（4）大阪市に本社を置く化学メーカーであるが、主力工場は四日市にあり、高度成長時には四日市ぜん息の原因物質の主要な排出源の一つであった。その後、硫酸を四日市港に垂れ流す「石原産業事件」も起こしており、環境問題では有名な企業である。

水質・土壌にわたって排出規制が設けられているのは、カドミウムと鉛しかない。そのうえ、土壌汚染では表3―3の注記にあるような限定がある。

農用地土壌汚染防止法で、カドミウムと銅と砒素しか規制対象とされていないのは、土壌汚染で死者が出たケースがイタイイタイ病と足尾鉱毒と土呂久公害に限られるからである。水俣病は死者を出しているが、「あれは水質汚濁だから」ということで土壌では規制対象とされていないのである。

このように、汚染物質の規制対策を大気・水質・土壌にわたってトータルに検討すると、日本の汚染規制が、目立つ排出ルート以外は抜け道だらけであり、きわめて汚染を撒き散らしやすい体系になっていることがわかる。

しかし、汚染物質は、大気・水・土壌の間を移動する。法で規制されているのは、ごく一部であり、大半は抜け道を通じて自由に移動する。

それでも、汚染物質の多くは最終的には処分場に落ち着く。処分場で土壌中の汚染物質の含有量に規制がなされれば、環境汚染を防ぐうえで有効である。しかし、日本では、そこが農地で米が栽培されないかぎり、処分場跡地が農用地土壌汚染防止法の対象となることはない。土壌汚染対策法は、規制対象がほとんど水質汚濁防止法の特定施設に係る工場または事

表３―３　日本における有害金属の法律に基づく規制

汚染種類	法律	規制対象	カドミウム	鉛	六価クロム	砒素	水銀	銅	亜鉛	クロム	セレン
大気	大気汚染防止法	ばい煙発生施設	○	○							
水質	水質汚濁防止法	特定施設	○	○	○	○	○	○＊1	○＊1	○＊1	
土壌	農用地土壌汚染防止法	農用地（殆ど水田）＊2	○			○		○			
	土壌汚染対策法	水質汚濁防止法の特定施設に係る跡地＊3	○	○	○	○	○				○

注１：水質汚濁防止法は人の健康に係る被害を生じる恐れのある物質と生活環境に係る被害を生じる恐れのある項目の二種の規制物質ないし規制項目を設けているが、＊１なしは前者、＊１付きは後者。
２：カドミウムは玄米中の濃度、砒素と銅は水田土壌中の濃度で基準が設けられているため、畑で規制されるのは陸稲がカドミウムで汚染された場合に限られる。
３：土壌汚染対策法で規制対象となるのは、原則として水質汚濁防止法の特定施設に係る工場または事業場であった土地に限られ、それ以外は、土壌汚染調査の結果、知事がとくに指定した区域に限られる。
出典：拙著『日本の循環型社会はどこが間違っているのか？』19頁

業場の跡地にかぎられ、処分場跡地には適用されない。

土壌一般に適用されるのは土壌環境基準だけであるが、環境基準は「維持されることが望ましい基準」にすぎず、基準以下に抑えさせる強制力はない。そのうえ、環境省の告示や通知によって、廃棄物処分場は土壌環境基準の適用対象から除外され、処分場跡地も、掘削などによる遮水工の破損や埋め立てられた廃棄物の攪乱などの一般環境から区別する機能を損なうような行為が行なわれないかぎりは、やはり適用除外とされている。廃棄物処分場の設置は土壌汚染地をつくるに等しいのである。

要するに、日本は、資源循環型社会でなく、汚染循環型社会なのである。

四　放射性物質が汚染循環に含まれる

これまで述べてきたように、産廃の処理・リサイクルは、決して閉鎖された系の中で行なわれてはいない。閉鎖系は集中型リサイクルだけで、処理も拡散型リサイクルも開放系において行なわれており、必ずや大気や水や土壌を汚染する。大気や水や土壌の汚染物質は、法の抜け道を通じて、大気や水や土壌の間を往来したり循環したりする。

震災がれきを廃棄物処理法上の廃棄物として処理・リサイクルすることは、この開放系の中、したがって汚染循環の中に放射性物質を含めることを意味する。

環境省「管理された状態での災害廃棄物（コンクリートくず等）の再生利用について」（平成二十三年十二月二十七日）には、「下層路盤材として道路表面から三〇cm下に用いる場合には、およそ三〇〇〇ベクレル／kg以下、道路表面から四〇cm下に用いる場合には、およそ一万ベクレル／kg以下の再生資材であれば、道路周辺居住者の追加被曝を一〇マイクロシーベルト／年以下に抑えることができる」などと記されている。路盤材として用いても、数年後にはまた掘り返されて産廃になることなど全く考慮されていない。

また、国土交通省は、震災のがれきの再利用を促すため、建設業者が東日本大震災のがれきからできたセメントを使えば、公共工事の入札で優遇することにした。同省は、公共工事の契約をする場合、建設業者が示した入札額（建設費）と業者の技術力を総合評価して業者を選んでいるが、工事でがれきセメントを使えば、技術力の評価点を上乗せするという。がれきセメント利用では二点しか上がらないが、建設業者は「一点を争っているので、点数が上がるなら当然使う」と言っている[(5)]。

日本の循環型社会関連法の一つ、グリーン購入法では、こともあろうに飛灰を混ぜたフライアッシュセメントを公共事業で優先して使う製品（特定調達品目）に指定している[(6)]。焼却炉でバグフィルターにより捕捉された飛灰はダイオキシン等を含むため、ドイツでは放射性廃棄物と同様に厳重に保管されているのに対し、日本ではセメントへの混入が奨励されているのである。フライアッシュセメントで味をしめた国土交通省が、今度は、放射能がれきについて同じ手法を適用しようとしているということであろう。

原子炉からの放射性廃棄物は、表3―1に見るように、従来、封じ込め、あるいは隔離を

（5）朝日新聞デジタル、二〇一二年五月五日
（6）拙著『日本の循環型社会はどこが間違っているのか?』一三八頁。

目的として、特定の場所に埋設されてきた。しかし、震災がれきが通常の廃棄物として処理・リサイクルされれば、全国各地で、大気・水・土壌の間の汚染循環に放射性物質もまた含まれることになる。

放射性物質による大気・水・土壌の汚染は、環境基本法十三条で「原子力基本法その他の関係法律で定めるところによる」とされているため、大気汚染防止法も水質汚濁防止法も土壌汚染防止法もいずれも放射性物質を規制対象としていない。放射性物質は、原発や再処理に伴って発生することしか想定されていなかったのである。しかし、今般、震災がれきを通常の廃棄物扱いすることにしたからには、大気・水質・土壌のいずれの汚染防止法においても放射性物質を規制対象に含めなければならないはずである。また、それは、喫緊かつ必要不可欠な課題である。

かつて、原発からの放射性廃棄物がクリアランス制度によってリサイクルされていけば、ドアノブや釘一本でも安心できなくなり、国民はガイガーカウンターを持ち歩いて自衛しなければならなくなる、との話が、半ば笑い話として語られていた。

しかし、いまの日本では、とうてい笑い話などでは済まされない。そのような放射能まみれの社会が確実に間近に迫っている、否、より正確に言えば、国によってつくられているのである。

第4章　誰のための広域処理か

一　拡散は「処理の大原則」に反する

国が「震災がれきの受入れ」を全国の市町村に要請するという「全国的広域処理」が打ち出された時、廃棄物問題に多少とも携わったことのある人であれば、おかしいと思ったはずである。「処理の大原則」は、拡散でなく集中だからである。

家庭からの一廃は、市町村が収集し、清掃工場に運ばれて焼却される。廃棄物は焼却をつうじて灰になり、灰は最終処分場に運ばれる。このプロセスを見ただけでも、廃棄物処理は集中を原則としていることがわかる。まず、廃棄物を家庭から清掃工場へと集中させ、廃棄物を灰にすることで汚染物質を集中させているのである。集中させることで汚染物質は、よりコンパクトになり、処分場に埋める際の容量が小さくなり、処分しやすくなる。集中させて濃度を高めれば、処理だけでなく、再生利用も容易になる。

家庭における掃除も同様である。箒でかき集めたり、電気掃除機で吸い取ったりしたごみは袋に詰められて、市町村の収集に排出される。このプロセスもすべて集中を原則としている。箒でかき集めたごみをばらまくような馬鹿な行為は決してしない。

したがって、何も廃棄物問題に携わった人でなくても、「全国的広域処理」が処理の原則に反することは、直感的に感じるはずである。
また、国の進めている放射性物質を拡散し希釈する政策は、放射性物質に関して国際的に合意されている「希釈禁止の原則」にも反している。ドイツ放射線防護協会会長のセバスティアン・プフルークバイル氏は、日本政府が進める「希釈政策」は国際合意の「希釈禁止」に抵触していると警告を発している。[1]
では、なぜ、一般市民でも容易にわかる「処理の大原則」に反した「全国的広域処理」が打ち出されたのであろうか。

二 「広域処理」の意味転換

1 当初の「広域処理」は「地元連携型広域処理」

廃棄物処理を所管する環境省が「処理の大原則」を理解していないはずはない。

いくつかの被災自治体からの聞き取りによれば、震災直後の三月下旬に、「国の代行」や被災した他の市町村との連携の必要性を感じて国に問い合わせたところ、否定的な見解が返っ

（1）巻末資料2（http://www.foejapan.org/energy/news/pdf/111127_j.pdf）を参照。

てきたという。この話に示されるように、東日本大震災の直後、国は、「国の代行」や「広域処理」はまったく考えていなかった。

そのことは、震災直後、宮城県が作成した「災害廃棄物処理の基本方針」（二〇一一年三月二十八日）の次のような文章からも窺うことができる。

三　災害廃棄物処理に対する宮城県の考え方

被害状況が判明するにつれて、そのあまりの大きさゆえに復旧・復興に向けた取り組みも困難の度を深めておりますが、まずは発生した膨大な量の災害廃棄物の処理を迅速かつ適切に実施していかなければなりません。

宮城県としては、以下の基本的な考え方により災害廃案物の処理を進めていきます。

(1)処理主体

現行の法制度上、原則として市町村が進めていくことになりますが、被害が甚大で、市町村自らが処理することが困難な場合には、地方自治法第二百五十二条の十四の規定に基づく事務の委託により、県が災害廃棄物の処理を行います。

〈中略〉

(5)処理に際しての留意事項

以下の点に留意して、処理を進めていきます。
○市町村、関係機関と連携して、災害廃棄物を仮置きするための場所の確保を迅速に行います。
〈中略〉
⑹財源
環境省所管の災害等廃棄物処理事業費国庫補助金を活用する方向で調整しています。
なお、膨大な量の災害廃棄物の処理に莫大な費用、期間がかかることが想定されることから、土地の管理者の状況に関わらず、今回の地震・津波災害により発生した廃棄物は、国の充実した財政支援により一括して処理できるよう、国に要望しています。

ここでは、国に財政支援を要望しているものの、処理の主体はあくまで市町村とし、被害が甚大で市町村自らが処理することが困難な場合に県が代行するとされているだけで、「国の代行」や「広域処理」は、全く念頭に置かれていない。
しかし、その後四月に入ると、環境省は、岩手・宮城・福島・茨城・沖縄を除く四二都道府県の市町村に処理への協力を打診する。

打診の結果は、「岩手県災害廃棄物処理実行計画」（二〇一一年六月二十日）に次のように記されている（傍点引用者）。

4　焼却処理施設の検討
〈中略〉
(4)県外の廃棄物処理施設
県内処理施設のみでは三年以内での処理が完了できない可能性もあり、県外の廃棄物処理施設に処理を委託することも想定しています。環境省が国内の一般廃棄物処理施設に広域処理の可能性を打診しており、五月一一日現在で全国四一都道府県の焼却施設で年間最大二九〇万トンの受入れが可能とされています。

5　最終処分の検討
〈中略〉
(5)県外の廃棄物処理施設の把握
環境省が国内の一般廃棄物処理施設に広域処理の可能性を打診しており、五月一一日現在、全国四一都道府県の埋立施設で年間最大一〇六万トンの受入れが可能とされています。県内の埋立容量は明らかに不足しているので、広域処理を併用せざるを得ません。環境省からの詳細情報を入手し、委託に向けた手続きを開始する必要があります。

四二都道府県の市町村への打診を受けて作成された環境省「東日本大震災に係る災害廃棄物の処理指針（マスタープラン）」（二〇一一年五月十六日、以下「環境省マスタープラン」という）には、「広域処理の必要性」という項目が設けられ、次のように述べられている（傍点引用者）。

(2)広域処理の必要性
・東日本大震災は膨大な量の災害廃棄物が発生しているが、被災地では処理能力が不足していることから、被災地以外の施設を活用した広域処理も必要。
・広域処理は費用効率的となる場合があり、処理の選択肢を多くする観点から、促進を図ることが必要。
・国は、県外の自治体や民間事業者の処理施設に係る情報提供等を実施。県・市町村は、これを踏まえ広域処理を推進。
・焼却炉等の整備に当たっては、近隣自治体との共同処理体制の構築を検討。

ここで「広域処理は費用効率的となる場合があり」という言葉が注目される。「費用効率的」とは「安上がり」とか「費用対効果が大きい」という意味である。「費用効率的な広域処理」とは、被災市町村がそれぞれ単独で処理をするのではなく、被災市町村どうしが共同で、あるいは被災市町村と近隣の市町村が連携して処理にあたるような「地元連携型広域処理」を意味していたはずである。傍点を記した「近隣自治体との共同処理体制の構築」という言葉もそのことを示している。

宮城県・岩手県の震災がれきを九州の市町村にも受け入れてもらうような「全国的広域処理」が「費用効率的な広域処理」であるはずはない。遠隔地への運搬費用を考慮すれば、それは明らかに「費用非効率的な広域処理」である。

環境省が当時「全国的広域処理」を考えていなかったことは、環境省の「福島県内の災害廃棄物の当面の取扱い」(平成二十三年五月二日)の次のような文章からも窺える(傍点引用者)。

避難区域及び計画的避難区域の外側では、仮に災害廃棄物が放射性物質により汚染されていたとしても、その汚染レベルは通常の生活に影響するほどのものではありませんが、放射性物質により汚染されているおそれのある災害廃棄物に関しては、放射性物質が拡散することのないよう、適正な管理の下に処理すべきと考えられます。

「放射性物質が拡散することのないよう、適正な管理の下に処理すべき」という考えは、全国的広域処理とは全く正反対の考えである。

以上のように、環境省により四二都道府県の市町村への打診はなされたものの、「広域処理」は、当初、「費用効率的」を理由として打ち出され、「地元連携型広域処理」が想定されていた。ところが、その後、「費用非効率的な全国的広域処理」へと変わっていったのである。

2　仙谷発言が「全国的広域処理」の契機

では、「地元連携型広域処理」から「全国的広域処理」への転換は、いつ、何によって起こったのだろうか。

二〇一一年五月に福島原発がメルトダウンを起こしていることが明らかとなった。さらに、七月半ばになって、福島県浅川町に端を発し、その後、福島県郡山市、福島県相馬市、宮城県大崎市と、次々に稲わらの放射能汚染が発覚した。そのため、震災がれき受入れの動きは、急速に沈静化していった。

その後、国が「全国的広域処理」を強力に要請し、「がれき広域処理」が国民に広く知られるようになったのは、二〇一二年三月のことである。しかし、「全国的広域処理」への転換は、もっと早くから進められていた。

震災がれき処理に関し、被災自治体で「運命の日」と呼ばれている日がある。二〇一一年五月八日である。「運命の日」と呼ばれているのは、その日に、仙谷由人官房副長官（当時）がＮＨＫ番組で震災がれきの処理を国の直轄事業とする考えを示したからである。

仙谷発言は、被災自治体に大変な衝撃をもって受け止められたという。だから「運命の日」なのである。

読売新聞は、五月八日の仙谷発言を次のように伝えている。

仙谷由人官房副長官は八日のＮＨＫ番組で、東日本大震災で発生した大量のがれきの処理は、国の直轄事業とする考えを示した。

仙谷氏はがれき処理が市町村事務とされていることについて、「財政的にも現実の処理能力の面でも（市町村では）できない。県が代行する制度に切り替えたが、県は廃棄物処理の実際の行為を従来ほとんどやっていない」とした上で、「国が直轄事業でやることまで踏み込まないと、処理は進まないのでないか。特例措置を作ることを議論している」と語った。

政府は震災後、国ががれき処理の全額を負担する措置を決めたほか、県による代行も認めている。

しかし、よく考えれば、この発言は矛盾している。「県は廃棄物処理の実際の行為を従来ほとんどやっていない」のはそのとおりだが、それは国も同じである。廃棄物処理を実際にやっているのは市町村・処理業者（一廃）と事業者・処理業者（産廃）である。したがって、「県の代行」で十分でないから「国の代行」を設けるとしたところでまったく意味はない。とはいえ、有力政治家の発言であるだけに、その後、「国の代行」の検討が進むことになる。そして、「国の代行」の検討が進み、その制度が整えられるにつれ、広域処理も次第に「全国的広域処理」の色彩が強くなっていった。

3　災害廃棄物処理特措法の制定

「国の代行」の検討の結果、制定されたのが「東日本大震災により生じた災害廃棄物の処理に関する特別措置法」（平成二十三年八月十八日、略称「災害廃棄物処理特措法」）である。

同法一条は、「この法律は、東日本大震災により生じた災害廃棄物の処理が喫緊の課題となっていることに鑑み、国が被害を受けた市町村に代わって災害廃棄物を処理するための特例

を定め、あわせて、国が講ずべきその他の措置について定めるものとする」と法の趣旨を謳っている

「国の代行」を規定した四条では、被災市町村の長から要請があり、かつ必要があると認められるときは、当該市町村に代わり、国が災害廃棄物の処理を行なう旨、規定している。

また、五条では、費用負担に関して「原則として国の負担とするが、当該被災市町村は当該費用から自らが処理を行なう場合に交付される補助金に相当する額を控除した額を負担する。しかし、被災市町村負担分については、国が財政上の措置を講じる」とされている。実質的には、被災市町村の負担はゼロで、すべて国が負担するということである。第1章二で述べたように、「東日本大震災に対処するための特別の財政援助及び助成に関する法律」では、災害廃棄物処理の費用はすべて国が負担するとされたのであるから、それとの整合性から当然の措置である。

さらに、六条では、国が講ずべき措置として、次の①～⑥を定めた。

①災害廃棄物に係る仮置場及び最終処分場の早急な確保のための広域的協力の要請等
②再生利用の推進等
③災害廃棄物処理に係る契約の内容に関する統一的指針の策定等
④アスベストによる健康被害の防止等

⑤海に流出した災害廃棄物の処理指針の策定とその早期処理等
⑥津波堆積物等の災害廃棄物に係る感染症・悪臭の発生の予防・防止等の必要な措置を講ずる

「国の代行」に関し、二〇一二年三月十二日の参議院予算委員会において、野田首相は「市町村から要請があれば、国の代行は当然やることはあり得る」と答弁している。そして、翌十三日に、がれきの広域処理をめぐる関係閣僚会合（第一回）を開き、野田首相は、広域処理を進めるための取組みについて、関係閣僚に指示をした。当時、マスコミやJR駅などで「絆」や「みんなの力で」を強調した「がれき受入れ」キャンペーンが大々的になされたが、政府は、このキャンペーンに三〇億円もの広告費を投入したといわれている。

さらに、三月十六日には、岩手・宮城・福島の被災三県などを除く道府県と政令市宛に、がれき受入れを要請する野田首相名の文書が送付された。

しかし、二〇一二年五月現在、「国の代行」は、福島県下の相馬市、新地町でしか進んでおらず、検討中の南相馬市、広野町を含めても福島県下の四市町にすぎない。

福島県下に限られている一つの要因は、福島県内のがれきは、放射性物質への懸念から、すべて県内で処理することになっており、他県に運び出せないことである。相馬市・新地町は、不燃物のがれきについては独自に入札を終えて委託したが、両市町から構成される一部事務組合の焼却能力が不足しているため、「国の代行」を要請したという。国は、九月頃から相馬市内に仮設焼却炉を設置し、二〇一三年三月までに焼却を始める予定である。

このように「国の代行」は、福島県下の市町村でしか実現しておらず、全国的広域処理は、実際には、災害廃棄物処理特措法で設けられた「国の代行」ではなく、第1章二で述べたように、「被災市町村→宮城県または岩手県→受入れ市町村」という流れ、すなわち「県の代行」により実施されている。

4 「県の代行」による「全国的広域処理」と「地元処理」

「県の代行」を委託している被災市町村は、岩手県では、野田村・田野畑村・岩泉町・宮古市・山田町・大槌町・陸前高田市の七市町村、宮城県では、石巻市・塩竈市・気仙沼市・名取市・多賀城市・岩沼市・東松島市・亘理町・山元町・七ヶ浜町・女川町・南三陸町の一二市町村である。

「県の代行」による全国的広域処理の第一号は、東京都による宮城県女川町及び岩手県宮古市からのがれき受入れである。

東京都は、宮城県・岩手県の災害廃棄物を二〇一三年度までの三年間に五〇万トン受け入れる方針を立て、宮城県・岩手県とそれぞれ契約を交わした（より正確に言えば、両県と契約を交わしたのは、㈶東京都環境整備公社であり、東京都は、同財団に事務費補助や運転資金貸付を行なうとされている）。

宮古市から受け入れる災害廃棄物は建設混合廃棄物及び廃機械・機器類で、実際の処理（破砕・焼却）は産廃処理業者に発注することとされ、処理業者の公募が二〇一一年十月三日～七日に行なわれて十九日に決定した。受注した処理業者は、破砕は有明興業、リサイクル・ピア、高俊興業、リーテム、破砕に伴う可燃物の焼却は東京臨海リサイクルパワーであった。受入れは、二〇一一年十一月三日から始まった。

女川町からの災害廃棄物は、木くず、廃プラスチック、紙くず、繊維くずなどで、受入れは、中央清掃工場及び新江東清掃工場で二〇一二年三月二日から始まった。

東京都に次ぐ全国的広域処理の第二号は、稲わら汚染などのため、なかなか現れなかったが、ようやく、二〇一二年三月十三日、静岡県島田市が岩手県大槌町・山田町のがれきを受け入れることを正式に表明した。

その後、野田首相名の受入れ要請文書などを受け、受入れ市町村は、次第に広がっていった。

他方、宮城県・岩手県には「県の代行」による地元処理もある。県に委託されたがれき処理は、一部は「全国的広域処理」に回されるものの、多くは、委託した市町村単位で県が共同企業体（ＪＶ）と契約を交わして委託、処理される。「県の代行」による地元処理である。岩手県下の「県の代行」による地元処理のＪＶは、それぞれ次のような会社から構成されている（最初の企業が代表企業）。

・宮古地区（宮古市・田野畑村・岩泉町）……鹿島建設・三井住友建設・鴻池組・西武建設・三好建設・斉藤工業
・山田地区（山田町）……奥村組・日本国土開発・陸中建設・吉川建設・佐藤建業
・大槌地区（大槌町）……竹中土木・タケエイ・松村建設・八幡組
・久慈地区（野田村）……奥村組・宮城建設・中塚工務店・晴山石材建設

陸前高田市は、行政機能の被災が甚大だったため「県の代行」をお願いしたものの、その後、行政機能が復活し、市単独でリマテック（本社大阪、太平洋セメントの子会社）を中核としたＪＶ（リマテック・佐武建設・金野建設）に委託した。

宮城県下の各地区でも、同様に共同企業体（ＪＶ）に委託されている。次のとおりである。

・気仙沼ブロック気仙沼処理区（気仙沼市）……大成建設・間組・五洋建設・東急建設・西武建設・安藤建設・深松組・丸か建設・小野良組・阿部伊組
・気仙沼ブロック南三陸処理区（南三陸町）……清水建設・フジタ・鴻池組・東亜建設工

業・青木あすなろ建設・錢高組・浅野工務店

・石巻ブロック（石巻市・東松島市・女川町）……鹿島建設・清水建設・西松建設・佐藤工業・飛島建設・竹中土木・若築建設・橋本店・遠藤興業

・宮城東部ブロック（塩竈市、多賀城市、七ヶ浜町）……ＪＦＥエンジニアリング・鹿島建設・鴻池組・飛島建設・橋本店・東北重機工事

・亘理名取ブロック亘理処理区（亘理町）……大林組・戸田建設・鴻池組・東洋建設・橋本店・深松組・春山建設

・亘理名取ブロック名取処理区（名取市）……西松建設・佐藤工業・奥田建設・グリーン企画建設・上の組

・亘理名取ブロック岩沼処理区（岩沼市）……間組・奥田建設・上の組・春山建設・佐藤建設

・亘理名取ブロック山元処理区（山元町）……フジタ・東亜建設・青木あすなろ建設・大豊建設・本間組・河北建設・佐藤建設

以上のように、両県とも、ＪＶは大手ゼネコンを中心とした建設会社から成っている。ただし、ゼネコンが受注するといっても、建設業界は、下請け・孫請けといった重層構造から

成っており、実際に作業するのは、下請け・孫請けの業者である。(2) また、ＪＶが受託した後、ものによっては、ＪＶから産廃処理業者やセメント会社等に再委託されている。

ところで、鹿島建設や大林組などの大手ゼネコンが廃棄物の処理を受託することに違和感を持つ方は少なくないだろう。何故、そんなことが可能なのか。

そもそも、大手ゼネコンは、がれき処理の技術も経験も持っていない。建物の解体などに伴うがれき類の処理の場合、大手ゼネコンは産廃の排出事業者であって処理業者ではない。処理は、下請け・孫請けの建設業者が「産廃処理業の許可」を得て行なっている。

したがって、震災がれきの処理も、下請け・孫請けの業者として技術も経験も持つ地元建設業者に委託すればよいのであって、大手ゼネコンに委託する必要はまったくないはずである。

大手ゼネコンは、いうまでもなく「一廃処理業の許可」は持っていない。「産廃処理業の許可」は持っていないところが多いが、なかには形だけ持っているところもある。

一廃処理業の許可を持たないゼネコンが、震災がれきの処理を受託できるのは、一廃の処理は、市町村から委託されれば「一廃処理業の許可」を得ていなくても可能だからである。

一廃の処理は市町村からの委託があれば許可がなくてもできるが、産廃の処理は許可がなくてはできない。つまり、「災害廃棄物は一廃」とされているおかげで、あらゆる大手ゼネコンが受託できるのである。もしも「災害廃棄物は産廃」とされていれば、その処理は許可を受けた産廃処理業者への委託となり、あらゆる大手ゼネコンが受託し得ることなどあり得ない。

こうしてみれば、災害廃棄物が一廃とされているのは大手ゼネコンへの委託を可能とするため、との見方さえ、あながち不当とはいえないのである。

宮城県におけるＪＶへの委託に関し、大手ゼネコンと県との癒着を疑う声が上がっている。地元建設業者によれば、がれき処理は「撤去」と「焼却」がセットだから、当然、日常的に焼却をしている市町村が絡む形にすべきなのに、県が表に出てきて、落札額を競う「競争入札」ではなく、「プロポーザル（提案）方式」を採用し、スーパーゼネコンに〝丸投げ〟してしまったため、地元業者はほとんど蚊帳の外、というのである。これでは業界内から不平不満が噴出するのも当たり前であるが、宮城県では、自衛隊出身で松下政経塾ＯＢの村井知事の力が突出しており、たとえ県のやり方に不満があっても、地元業者も県に文句がいえない状況という。(3)

（2）末端の業者になればなるほど、賃金の支払いが適切でなくなることが多いため、環境省は「東日本大震災により生じた災害廃棄物の処理に係る契約の内容に関する指針について」（平成二十三年十一月十一日）を出して、適切な賃金が支払われるよう指導しているが、効果は定かではない。
（3）日刊ゲンダイ、二〇一二年五月六日

赤旗（二〇一二年四月二十三日）は、次のように伝える。

宮城県　ゼネコン〝丸投げ〟がれき処理進まず
広すぎる地域・地元業者を軽視
「現場を知らない」と地元

東日本大震災で発生した膨大ながれき（災害廃棄物）の処理は、復興にむけた重要課題です。環境省によると岩手、宮城、福島三県の災害がれきは約二二五〇万トン。最も多い宮城県は一五七三万トンにのぼります。同県の処理進捗（しんちょく）率は約八%。「効率よく進めるため」とがれき処理業務をゼネコンに〝丸投げ〟したことが、逆に大きな妨げとなっています。（森近茂樹）

〈中略〉

宮城県は県内被災自治体を五ブロックに分け、政令市の仙台市以外の四ブロックを県主導で処理にあたるとしています。しかし実態は、ブロックごとに大手ゼネコン中心の共同企業体（ＪＶ）に業務委託して一括発注するという、事実上の〝丸投げ〟です。談合情報が県に寄せられるなど、契約の不透明性も指摘されています。

〈中略〉

契約額一九二四億円と最大規模の石巻ブロックは鹿島を中心とするJVが受注。しかし、その中には焼却施設のプラントメーカーや専門の廃棄物処理業者が入っていません。「ゼネコンは、廃棄物処理のことがよくわかっていない」。県内大手の廃棄物処理業者は、こう指摘します。「何社ものゼネコンが、処理技術について相談に来た。広い地域から集めて大型焼却場で燃やすというが、まだ焼却施設もできていない。廃棄物処理を迅速にやるこつは、小まめに集めて小まめに燃やすことなのに」

〈中略〉

日本共産党の宮城県議団は、処理地域の規模を細かくした分離分割発注で、地元業者をできるだけ使うように要求してきました。

横田有史県議団長はこう強調します。「ゼネコン丸投げで処理地域の規模を大きくしたことが遅れの要因になっている。小規模の方が、がれきの輸送時間も短縮できて効率的。さらに地域に詳しい地元業者が加わると業務ははかどる。同時にがれき処理が地域経済の活性化にもつながり、復旧・復興にとって一石二鳥です」

県は業務委託を理由にゼネコンにおまかせ状態です。昨年末時点で、地元業者の参入状況も正確には把握していませんでした。

石巻市の建設業協会幹部を務める地元建設業者はこう要望します。「鹿島から建設業協会に相談はきていない。もっと行政が主導して地元に仕事が回るようにしてほしい」

昨年八月に成立したがれき処理法は、「喫緊の課題」と処理を位置づけ、国の責任を明記しました。しかし実態は、県がゼネコンに丸投げするという責任放棄の構図です。

前出の地元廃棄物処理業者はこう強調します。「今頃になって、環境省の役人が何人も訪ねてきて『処理が進まない原因を教えてほしい』と聞いてきた。驚くほど実情がわかっていない。国も県もゼネコンまかせではなく、現場に出てわれわれとも力を合わせて処理をすすめてほしい」


過去の震災の処理単価に比べて東日本大震災の処理単価は高い、との指摘もなされている(http://houshanou-shomei.up.seesaa.net/image/tsunami_shiryou.pdf)。確かに、阪神淡路大震災(一九九五年)約二・二万円/t、新潟県中越地震(二〇〇四年)約三・三万円/t、岩手・宮城内陸地震(二〇〇八年)約一・五万円/tと比べ、東日本大震災では、岩手県約六・三万円/t、宮城県約五万円/tとはるかに高い。

高くなった理由には、海水を被って塩分を含んでいること、津波により混合廃棄物となっていること、及び放射性物質を含むことなどのやむを得ない要因もあるが、競争入札でなくプロポーザル方式が採用されていること、大手ゼネコンに委託されるためにピンはねが行なわれること、及びおそらく談合が行なわれていることも要因に含まれるであろう。

以上述べてきたことから明らかなように、「がれきの全国的広域処理」の理由とされた「処理の遅れ」の真因は、「大手ゼネコンへの委託」にあったのである。

被災市町村が、「県の代行」に頼らず、直接に地元建設業者に委託していれば、がれき処理は、もっとスムーズに、もっと安く、またもっと地域振興に役立つように進められたはずである。

三　仙台市のがれき処理はいかに行なわれているか

1　自区内処理・地域経済復興が基本方針

宮城県・岩手県の市町村の多くが県に処理を委託するなか、仙台市は、自区内処理の方針を貫いている。

仙台市環境局「仙台市における震災廃棄物の処理について」（平成二十四年四月四日）には、「基本的な考え方」として「地元企業の活用による地域経済の復興も念頭に、がれき等の最終処分まで自らの地域内で処理を完結する仕組みを構築することとし、〝発災から一年以内の撤去、三年以内の処理完了〟を目指し取り組みを進めてきた」と述べられている。処理は順調に進み、二〇一二年四月現在、三年以内処理完了の目標を半年早めて二〇一三年夏頃に達成できる見込みが立ちつつあり、残りの半年で他の市町村の分をも引き受けることができそうだという。

2　仙台市のがれき処理がスムーズに進んだ要因

仙台市のがれき処理がスムーズに進んでいることには、次の①〜④のような要因がある。

①がれき撤去現場での分別収集

仙台市では、がれき撤去現場で、可燃物・不燃物・資源物の三種類に分別し、その後、がれきを搬入した搬入場[4]で、コンクリートくず、木くず、金属くず、廃家電製品、自動車等一〇種類以上に細かく分別した。

そのため、回収には手間取ったが、搬入後の処理が、回収の遅れを取り戻して余りあるほどスムーズに進んだという。

②条件に恵まれていたこと

恵まれていた条件は、主として二つある。一つは、行政機能の地震・津波による被害が少なかったという条件、もう一つは、広大な仙台平野が広がっているという条件である。広大な仙台平野のおかげで搬入場の用地確保がスムーズに進んだのである。

③仮設焼却炉の設置

三カ所（蒲生、荒浜、井土）の搬入場のそれぞれに仮設焼却炉（三基、計四八〇トン／日）を設置でき、リサイクル困難な可燃物の焼却を平成二十三年十月一日より順次、開始した。

④産廃処理の既存ルートの活用

仙台市は、保健所設置市であるため、廃棄物処理法に基づき、産廃処理業及び産廃処理施設の許可の権限を持っている。そのため、産廃処理に係る情報を持っており、震災がれきの多くを占める産廃の処理に既存ルートを活用することができた。

実際、仙台市では処理の委託も行なっているが、すべて地元の処理業者に委託しており、ＪＶへの委託は全く行なっていない。

仙台市によれば、以上の①～④、とりわけ④の「産廃処理の既存ルートの活用」が大きな要因という。

３　仙台方式が示唆するもの

筆者は、宮城・岩手のがれき処理問題を調査するにあたり、一つの仮説を設けていた。そ

（４）多くの被災市町村では、環境省のマニュアル通り、第一次仮置場と第二次仮置場を設けたが、仙台市では両者を一元化した搬入場を設けた。

れは、「がれきの多くは実質的に産廃であり、であるならば、産廃処理の既存ルートを活用すれば、処理が速く進んだのではないか」との仮説であった。仙台市蒲生搬入場の見学の際、仙台市の担当者によって強調されたのは、まさに「産廃処理の既存ルート活用が鍵」ということであった。仮説は当たっていたのである。

津波によるがれきの場合には、大量の混合ごみになるため、既存ルートが活用しにくいのではないか、との疑問があるかもしれない。しかし、処理の必要上から、またリサイクル関連法等で義務づけられていることから、がれきは細かく分別される。分別を細かくすればするほど、産廃処理業者等の既存ルートを活用できることになる。

では、仙台市以外の被災市町村は、なぜ仙台方式を採らず、「県の代行」に頼ったのだろうか。

たとえば、宮城県石巻市の場合は、工場が多く、がれきの量が膨大すぎるため、現場での分別や自区内処理が不可能に近いという事情はある。また、大槌町や陸前高田市のように、自治体自体が津波で甚大な被害を受け、行政機能がマヒした市町村もある。

しかし、多くの被災市町村が「県の代行」に頼った理由は、仙台市と違って保健所設置市ではないために産廃の情報を持たないことに加え、一廃処理も民間委託に依存したり広域連合や一部事務組合をつうじて行なったりしているために、廃棄物処理の知識や技術が十分でなかったことにあるように思われる。仙台市では、廃棄物処理施設の運転管理の民間委託が進んでいたが、技術継承のために一カ所は直営を残していたのである。

もしも他の被災市町村も、仙台市と同様に、単独で一廃処理を行ない、かつ一部でも直営を保持していたならば、仙台方式を採る市町村はもっと増え、がれき処理は、もっとスムーズに、もっと安く、また、もっと地元の復興につながるように、進められたはずである。

近年、全国的に、一廃処理の直営から民間委託への移行が、コスト論に基づき進められてきたが、コスト論自体が当たっているか否かはともかく、直営維持が震災のような非常時に強みを発揮すること、コスト論のみで割りきるのは危険であることを東日本大震災から教訓として学ぶ必要があろう。

四　がれき利権の配分としての全国的広域処理

1　「県の代行」や「国の代行」は必要だったのか

宮城県・岩手県に委託した市町村におけるがれき処理の実態をみれば、「県の代行」といっても、何のことはない。結局は、大手ゼネコンを核としたＪＶと契約を交わして委託するだけのことである。

県に委託した市町村の中には、甚大な被害を受けて契約を交わすだけの事務も履行できなくなった市町村もないわけではないが、そのような市町村は決して多くはない。被災して行政機能がマヒしたため、いったんは「県の代行」をお願いしながら、行政機能が回復した後に単独で契約を交わした陸前高田市のような例もある。

仙台市と比べればわかるように、「県の代行」では市町村主体よりも地元主体の性格は確実に薄まる。地元主体の性格が薄まるということは、裏を返せば、大手ゼネコンを利する性格が強まるということである。

このように「県の代行」すらそれほど大きな意味を持たないのに、何故、さらに、屋上屋を重ねるような「国の代行」の制度が設けられたのか。

前述のように、「国の代行」の制度をつくった仙谷由人氏は「県は廃棄物処理の実際の行為を従来ほとんどやっていないから」と説明しているが、国も廃棄物処理をやっていないのだから、まったく理由にならない。国は費用面で助成すればいいのであって、それはすでに「東日本大震災に対処するための特別の財政援助及び助成に関する法律」で実現しているのであるから、「国の代行」が必要であることの正当な理由はまったくない。

市町村主体→県の代行→国の代行となるにつれ、地元主体の性格は薄まり、大手ゼネコンや産廃処理業者を利する性格が強まる。結局、「国の代行」が設けられた理由は、この点にあるとみるほかはない。

　仙谷由人氏は、電力会社の意を受けて原発再開を主導していることにも示されるように、民主党の中でも最も産業界の意向を受けて動く政治家として知られる。その仙谷氏が言い始めたことも、「国の代行」が大手ゼネコンや産廃処理業者からの要請を受けて設けられた制度であることを裏付ける。

２　震災がれきは垂涎の的

　第１章二で述べたように、宮城県・岩手県の震災がれきの処理においては、復興予算が「被災市町村→宮城県または岩手県→受入れ市町村→ゼネコン・産廃処理業者」へと流れ込むことになる。三年間で一兆七〇〇億円もの災害廃棄物処理事業費がつくことで、震災がれきはゼネコンや産廃処理業者にとって垂涎の的となった。

　前述のように、全国的広域処理の一号めは東京都であるが、岩手県宮古市から東京都が受け入れた震災がれきの破砕処理に伴う可燃残渣物の焼却は、すべて東京電力が九五・五％を出資する子会社「東京臨海リサイクルパワー」に委託された。

（5）My News Japan レポート（http://www.mynewsjapan.com/reports/1507）を参照。

しかし、都が産廃処理業者を公募した際、都内では東京臨海リサイクルパワー一社（一日二七五トン×二基の焼却施設を有している）だけが満たす「一日一〇〇トン以上の処理能力で、かつ、都の指定する集塵設備を有する都内の産廃処理施設にて焼却処分すること」という条件が付いていたことが指摘され、公募の公平性に疑問が持たれている。(5)

全国的広域処理の二号めとなったのは、前述のように、静岡県島田市であるが、島田市長の前職は産廃処理業者「桜井資源株式会社」の社長であり、現在は市長の息子が社長を継いでいる。

要するに、震災がれきの処理に巨額の税金が投入されることが決まることに伴い、巨大ながれき利権が誕生したのである。

「全国的広域処理」の本質は、がれき処理をめぐる利権争奪戦の結果の利権配分である。

3　徳島県・札幌市長の見解

国からの震災がれきの受入れ要請に対し、高い見識を示して、これを断った自治体がある。その中から徳島県及び札幌市長の見解を紹介しよう。

○徳島県の見解

徳島県は、一県民の意見に対して、次のように回答した。

［徳島県の男性（六〇歳）からの意見に対する徳島県環境整備課の回答］

■ご意見（六〇歳　男性）

タイトル：放射線が怖い？　いいえ本当に怖いのは無知から来る恐怖

東北がんばれ!!　それってただ言葉だけだったのか？　東北の瓦礫はいまだ五％しか処理されていない。東京、山形県を除く日本全国の道府県そして市民が瓦礫搬入を拒んでいるからだ。

ただ放射能が怖いと言う無知から来る身勝手な言い分で、マスコミの垂れ流した風評を真に受けて、自分から勉強もせず大きな声で醜い感情を露わにして反対している人々よ、恥を知れ!!

徳島県の市民は、自分だけ良ければいいって言う人間ばっかりなのか。

声を大にして正義を叫ぶ人間はいないのか？　情け無い君たち東京を見習え。

■【徳島県環境整備課からの回答】

貴重なご意見ありがとうございます。せっかくの機会でございますので、徳島県としての見解を述べさせていただきます。

このたびの東日本大震災では、想定をはるかに超える大津波により膨大な量の災害廃棄物が発生しており、被災自治体だけでは処理しきれない量と考えられます。

こうしたことから、徳島県や県内のいくつかの市町村は、協力できる部分は協力したいという思いで、国に対し協力する姿勢を表明しておりました。

しかしながら、現行の法体制で想定していなかった放射能を帯びた震災がれきも発生していることから、その処理について、国においては一キログラムあたり八〇〇〇ベクレルまでは全国において埋立処分できるといたしました（なお、徳島県においては、放射能を帯びた震災がれきは、国の責任で、国において処理すべきであると政策提言しております）。

放射性物質については、封じ込め、拡散させないことが原則であり、その観点から、東日本大震災前は、IAEAの国際的な基準に基づき、放射性セシウム濃度が一キログラムあたり一〇〇ベクレルを超える場合は、特別な管理下に置かれ、低レベル放射性廃棄物処分場に封じ込めてきました。（クリアランス制度）

ところが、国においては、東日本大震災後、当初、福島県内限定の基準として出された八〇〇〇ベクレル（従来の基準の八〇倍）を、その十分な説明も根拠の明示もないまま、広域処理の基準にも転用いたしました（したがって、現在、原子力発電所の事業所内から出た廃棄物は、一〇〇ベクレルを超えれば、低レベル放射性廃棄物処分場で厳格に管理されているのに、事業所の外では、八〇〇〇ベクレルまで、東京都をはじめとする東日本では埋立処分されております）。

ひとつ、お考えいただきたいのは、この八〇〇〇ベクレルという水準は国際的には低レベル放射性廃棄物として、厳格に管理されているということです。

例えばフランスやドイツでは、低レベル放射性廃棄物処分場は、国内に一カ所だけであり、しかも鉱山の跡地など、放射性セシウム等が水に溶出して外部にでないように、地下水と接触しないように、注意深く保管されています。

また、群馬県伊勢崎市の処分場では一キロ当たり一八〇〇ベクレルという国の基準より、大幅に低い焼却灰を埋め立てていたにもかかわらず、大雨により放射性セシウムが水に溶け出し、排水基準を超えた事件がございました。

徳島県としては、県民の安心・安全を何より重視しなければならないことから、一度、生活環境上に流出すれば、大きな影響のある放射性物質を含むがれきについて、十分な検討もなく受け入れることは難しいと考えております。

もちろん、放射能に汚染されていない廃棄物など、安全性が確認された廃棄物まで受け入れないということではありません。安全な瓦礫については協力したいという思いはございます。

ただ、瓦礫を処理する施設を県は保有していないため、受け入れについては、施設を有する各市町村及び県民の理解と同意が不可欠です。

われわれとしては国に対し、上記のような事柄に対する丁寧で明確な説明を求めているところであり、県民の理解が進めば、協力できる部分は協力していきたいと考えております。

※回答文については、提言者にお返事した際の内容を掲載しております。その後の事情変更により、現在の状況と異なる場合がありますので、詳しくは担当課までお問い合わせください。

○上田文雄札幌市長の見解

東日本大震災により発生したがれきの受入れについて

東日本大震災から一年が過ぎました。地震と津波による死者・行方不明者が一万八八九七人という未曽有の大災害は、福島第一原子力発電所の大事故とともに、今なお人々の心と生活に大きな影を落としています。改めて被災者の皆さま方に心からお見舞い申し上げ、亡くなられた方々のご冥福をお祈りいたします。

震災から一年後となる、今年の三月一一日前後、テレビの画面に繰り返し映し出されたのは、膨大ながれきの山と、その前に呆然と立ちすくむ被災者の姿でした。これを視聴した多くの人々の心には、「何とか自分達の町でもこのがれき処理を引き受けて早期処理に協力できないか」という、同胞としての優しい思いと共感が生まれたものと思います。

政府は、宮城県・岩手県の震災がれき約二〇四五万トンのうち、二〇％に相当する約四〇一万トンを被災地以外の広域で処理するという方針を出し、今、その受入れの是非に関する各自治体の判断が、連日のように新聞紙上等をにぎわせています。

私は、これまで、「放射性物質が付着しないがれきについては、当然のことながら受け入れに協力をする。しかし、放射性物質で汚染され安全性を確認できないがれきについては、受入れはできない」と、市長としての考えを述べさせていただきました。

「放射性廃棄物は、基本的には拡散させない」ことが原則というべきで、不幸にして汚染された場合には、なるべくその近くに抑え込み、国の責任において、市民の生活環境に放射性物質が漏れ出ないよう、集中的かつ長期間の管理を継続することが必要であると私は考えています。非常時であっても、国民の健康と生活環境そして日本の未来を守り、国内外からの信頼を得るためには、その基本を守ることが重要だと思います。

国は、震災がれきの八〇％を被災地内で処理し、残りの二〇％のがれきを広域で処理することとし、今後二年間での処理完了を目指しています。

これに対し、「現地に仮設処理施設を設置し精力的に焼却処理することで、全量がれき処理が可能であり、また輸送コストもかからず、被災地における雇用確保のためにも良い」という意見も、被災県から述べられ始めています。

また放射性物質についてですが、震災以前は「放射性セシウム濃度が、廃棄物一キログラムあたり一〇〇ベクレル以下であれば放射性物質として扱わなくてもよいレベル」だとされてきました。しかし現在では、「焼却後八〇〇〇ベクレル／kg以下であれば埋立て可能な基準」だとされています。「この数値は果たして、安全性の確証が得られるのか」というのが、多くの市民が抱く素朴な疑問です。全国、幾つかの自治体で、独自基準を設けて引き受ける事例が報道され始めていますが、その独自基準についても本当に安全なのか、科学的根拠を示すことはできてはいないようです。

低レベルの放射線被ばくによる健康被害は、人体の外部から放射線を浴びる場合だけではなく、長期間にわたり放射性物質を管理する経過の中で、人体の内部に取り入れられる可能性のある内部被ばくをも想定しなければならないといわれています。

チェルノブイリで放射線障害を受けた子ども達の治療活動にあたった日本人医師（長野県松本市長など）をはじめ、多くの学者がこの内部被ばくの深刻さを語っています。放射性物質は核種によっても違いますが、概ね人間の寿命より、はるかに長い時間放射能を持ち続けるという性質があります。そして誰にも「確定的に絶対安全だとは言えない」というのが現状だと思います。

札幌市の各清掃工場では、一般ごみ焼却後の灰からの放射性物質の濃度は、不検出あるいは一キログラム当たり一三〜一八ベクレルという極めて低い数値しか出ておりません。私たちの住む北海道は日本有数の食糧庫であり、これから先も日本中に安全でおいしい食糧を供給し続けていかなくてはなりません。そしてそれが私たち道民にできる最大の貢献であり支援でもあると考えます。

私も昨（引用者注・二〇一二）年四月、被災地を視察してきました。目の前には灰色の荒涼たる街並みがどこまでも続き、その爪痕は、あまりにも悲しく、そしてあまりにも辛い光景で、今も私のまぶたに焼き付いています。

また私は、若い時に福島に一年半ほど生活していたことがあり、友人も沢山います。福島は、桃やリンゴなどの優れた農作物で知られており、それらを丹精こめて生産されている人々が、愛着のある家や畑から離れなければならない、その不条理と無念さに、私は今も胸を締めつけられるような思いでいます。

札幌市はこれまで、心やさしい市民の皆様方とともに、さまざまな支援を行ってまいりました。今なお札幌では、一四〇〇人を超える被災者を受け入れており、あるいは一定期間子どもたちを招いて放射線から守る活動などにも積極的に取り組んできたところです。そのほか、山元町への長期派遣をはじめとした、延べ一〇七七人に及ぶ被災地への職員派遣、等々。今までも、そしてこれからも、札幌にできる最大限の支援を継続していく決意に変わりはありません。

またこのところ、震災がれきの受け入れについて、電話やファクス、電子メールなどで札幌市民はもとより、道内外の多くの方々から、賛同・批判それぞれの声をお寄せいただき、厳しい批判も多数拝見しています。ご意見をお寄せいただいた方々に感謝を申し上げます。これらのご意見を踏まえ、何度も自問自答を繰り返しながら、私は、「市長として判断する際に、最も大事にすべきこと、それは市民の健康と安全な生活の場を保全することだ」という、いわば「原点」にたどり着きました。

私自身が不安を払拭できないでいるこの問題について、市民に受入れをお願いすることはできません。

市民にとって「絶対に安全」であることが担保されるまで、引き続き慎重に検討していきたいと思っています。

二〇一二年三月二十三日

札幌市長　上田文雄

マスコミの世論調査によれば、広域処理賛成の割合は七割を超えている。しかし、賛成意見の代表的なものと思われる前掲の徳島県の男性意見とこれに対する徳島県の回答や上田札幌市長の見解を比べればわかるように、徳島県回答及び上田市長見解は徳島県の男性意見よりもはるかに説得力を持つ。

広域処理に賛成している人たちには、是非、徳島県の回答及び上田市長の見解を熟読していただきたいものである。また、がれき広域処理の受入れを検討している市町村には、是非、仙台市や徳島県・札幌市に学んでほしいものである。

第5章　地元主体・被災者救済の復興を

一　震災がれきを誰がいかに処理するか

1　福島第一原発周辺に集中させる

では、震災がれきは、誰がいかに処理すべきだろうか。

まず、放射性廃棄物の従来の基準、一〇〇ベクレル／kgに基づき、放射性廃棄物か否かを区別すべきである。

一〇〇ベクレル／kgを下回り、通常の廃棄物扱いできるもののうち、コンクリートくずなどの不燃物は、まずは地元市町村で有効活用すればよい。有効活用の手法としては、海岸沿いの防潮堤建設、沈下した地盤の回復材などがある。現に、そのような活用法を希望している首長は少なくない(1)。

地元活用の際の基準を一〇〇ベクレル／kg以下の値にするか否かは、発生量と需要量を見比べたうえで活用場所の地域住民が決めればよい。

地元市町村によって有効活用が図られた後、残りは埋立処分に回せばよい。可燃物は仙台方式で処理すればよい。拡散型リサイクルは最も危険であり、進めるべきではない。

一〇〇ベクレル／kgを上回るもの（以下、「放射能がれき」という）は、放射性廃棄物として扱い、埋設して封じ込めを図るべきである。埋設場所としては、まず青森県六ケ所村の六ケ所低レベル放射性廃棄物埋設センターが考えられるが、放射能がれきの量は膨大であり、そこだけでは到底足りないであろう。

では、埋設場所を他の何処に求めるか。

埋設場所を検討するうえでのポイントは、処理の原則、すなわち「拡散」でなく「集中」である。したがって、放射能がれきは濃度の低いところから高いところへ移動させるべきである。

（1）「きっこのブログ」のホームページに、二〇一二年三月十四日文化放送「くにまるジャパン」で放送された地元活用を要望する地元首長の声が、次のように紹介されている（http://kikko.cocolog-nifty.com/kikko/2012/03/post-1f6b.html）。

○岩手県陸前高田市の鳥羽太市長のコメント

市内にがれき処理の施設を作れば雇用も生まれるし、自分たちですべて処理できます。このことを県に相談したら「現行の法律にないため、いろいろな手続きがあるので無理です」と門前払いを食らいました。千年に一度の大災害なのだから前例がないに決まっていますよ。自分たちでがれきを処理すれば雇用も生まれるし護岸工事の基礎材にも使えるのに、門前払いを食らったのです。

○福島県南相馬市の桜井勝延市長のコメント

とにかく南相馬市は護岸工事を行ないたいのです。南相馬で出た災害がれきを護岸工事の基礎工事に使いたいのです。長さ一八キロの防潮堤を作るのに、南相馬の災害がれきでは足りないので、三陸からもがれきを持ってきたい。これを県と国に言ったのですが「うちの所管じゃない」と言われ、環境省、国土交通省、厚生労働省、総務省、どこに行っても受け入れてくれませんでした。地元では必要ながれきなのに、それをわざわざ広域処理するために税金を使って何台もの一〇トン積みトラックが全国を走り回り、われわれの地元では護岸工事のために新しく大量のコンクリートなどを買い入れないとならないのです。

ある。そのような移動を進めていけば、結局、埋設場所は福島第一原発周辺ということになる。

2　東電が処理費を負担すべき

放射能がれきの処理費用は、第1章で述べたように、すべて国が負担することとされている。

しかし、それは、震災がれきを「一廃」とし、したがって、その処理責任を市町村としているからである。一〇〇ベクレル／kgを上回るものを放射性廃棄物扱いすることになれば、その処理費用は、当然、東電が負担することになる。

震災がれきの放射能汚染の原因は、いうまでもなく福島原発事故であり、その処理費用のうち少なくとも放射能汚染に起因する分は東電が負担するのが筋である。それは「汚染者負担の原則」にも適い、また条理にも適う当然のことである(2)。

東電に費用負担させても、その大部分は、電気料金の値上げや公的資金注入をつうじて最終的には国民負担となる。しかし、電気料金の値上げや公的資金注入の際に、東電の企業努力や株主・子会社・金融資本等々の費用負担が問われることになり、初めから「国の負担」とされるよりも東電等の責任がより厳しく問われることになる。

したがって、東電等の責任を追及するためにも、一〇〇ベクレル／kgを上回る震災がれきを放射性廃棄物として扱い、福島第一原発周辺に集中させることが必要である。

ところが、福島第一原発周辺の市町村について、国は「除染を実施して住民の帰還をめざす」としている。放射能がれきを福島第一原発周辺の市町村に集中させて埋設するという案は、この国の方針と矛盾する。

以下、この矛盾を除染事業の検討をつうじて考察していこう。

二　誰のための除染か

1　放射性物質汚染対処特措法による処理及び除染の仕組み

放射性物質で汚染された地域において、放射性物質を除去する除染事業が進められている。

---

(2) 二本松市のゴルフ場が東電に汚染の除去を求めて東京地裁に仮処分を申し立てた事件で、東電は「原発から飛び散った放射性物質は東電の所有物でなく、無主物（所有者のいない物）である。したがって、東電は責任を持たない」旨の主張を行ない、東京地裁は二〇一一年十月三十一日、訴えを退ける決定を下した。

東電の「無主物」との主張は、汚染者負担の原則にも条理にも反しており、顰蹙をかっているのは当然である。ただし、地裁決定の理由は「放射線量が文部省通知の三・八マイクロシーベルト／時を下回るから営業可能」というものであり、東電の「無主物」という主張を認めたわけではない。

除染は、どのような制度に基づき、どのような仕組みのもとに行なわれているのだろうか。

福島原発事故後まもなく、二〇一一年五月二日に出された環境省「福島県内の災害廃棄物の当面の取扱い」では、警戒区域及び計画的避難区域（図5―1）の災害廃棄物については、「当面、災害廃棄物の移動及び処分は行ないません」とされていた。移動及び処分を行なわないのだから、除染も当然考慮されていなかった。

ちなみに、警戒区域は、原発から半径二〇㎞の地域として設定され、計画的避難区域とは、半径二〇㎞以遠で、一年間の被曝線量が二〇ミリシーベルトに達するおそれのある区域として設定された区域であり、両区域を合わせて「避難指示区域」という。

その後、「放射性物質汚染対処特措法」が二〇一一年八月三十日に制定され、二〇一二年一月一日より全面施行されて避難指示区域内の災害廃棄物の処理及び除染が進められることとなった。

同法の対象となる「放射性物質に汚染された廃棄物」には二種類ある。

一つは、環境大臣により指定される「汚染廃棄物対策地域」内の廃棄物であり、汚染廃棄物対策地域としては、図5―1の警戒区域及び計画的避難区域が指定された。もう一つは、汚染廃棄物対策地域外の廃棄物（上下水道汚泥・焼却灰など）で放射性物質による汚染状態が環境省令で定める基準を超える「指定廃棄物」である。両者は合わせて「特定廃棄物」と呼ば

図5―1　警戒区域と計画的避難区域

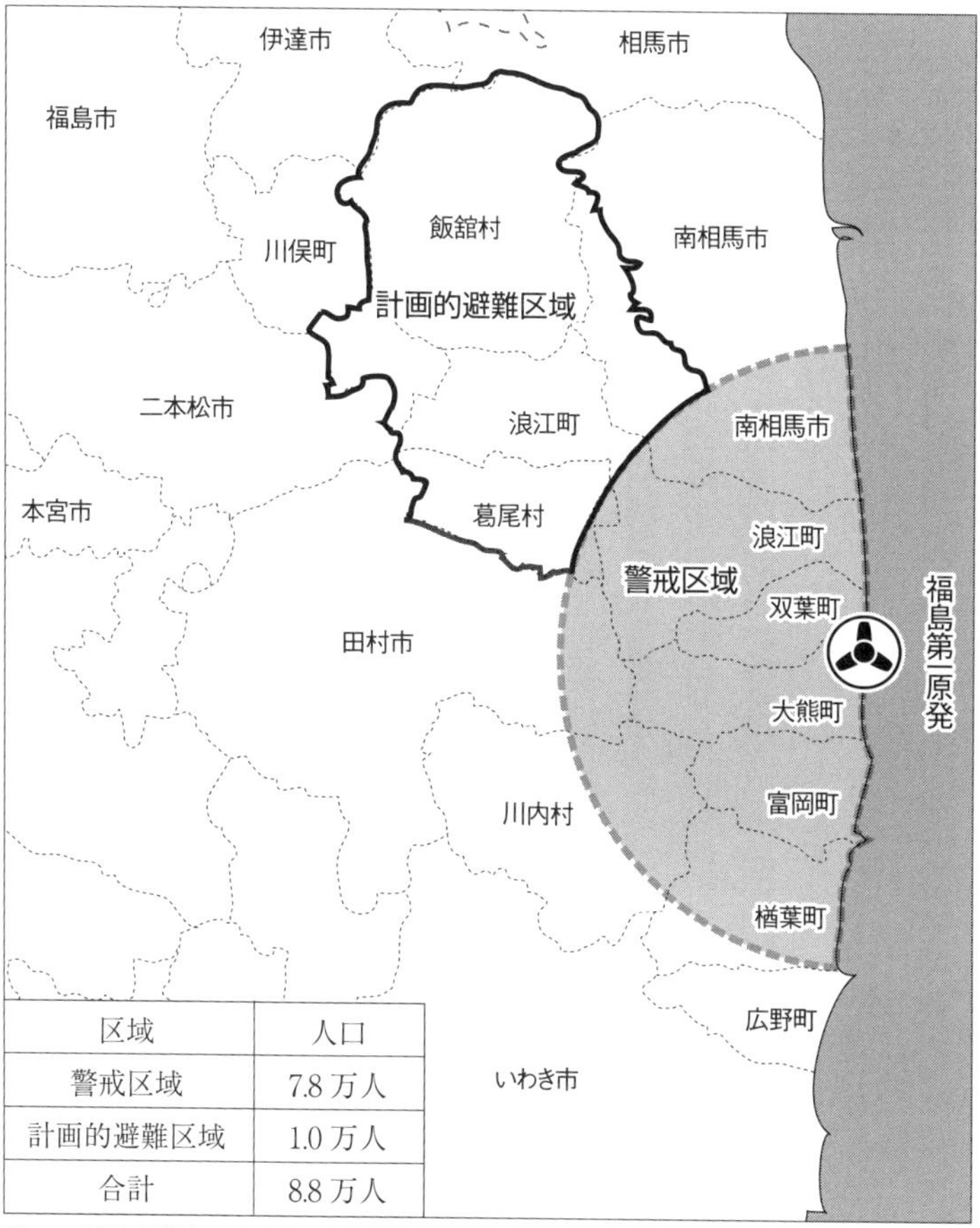

区域	人口
警戒区域	7.8 万人
計画的避難区域	1.0 万人
合計	8.8 万人

注１：原子力災害現地対策本部福島除染推進チーム長、森谷賢「我が国の除染への取組み」より作成

注２：両区域とも 2011 年４月 22 日に設定された。緊急時避難準備区域も同時に設定されたが、その後、９月 30 日に解除されたため、また、災害廃棄物の処分や除染とは関係がないため、図には含めていない。

れ、その処理は国が実施する。(3)

他方、除染に関しては、国が除染等の措置を実施する必要がある地域を「除染特別地域」として指定し、国が計画を立てて実施するとされた。除染特別地域も、警戒区域及び計画的避難区域が指定された。

さらに、除染特別地域以外の地域においても、次のような手続きを経て、除染を実施するとされた。
①汚染状態が環境省令で定める要件に適合しないと見込まれる地域は、環境大臣が「汚染状況重点調査地域」に指定する（三十二条）。
②知事等（政令で定める市町村長を含む）は、「汚染状況重点調査地域」において、汚染状況を調査をすることができる（三十四条）。
③汚染状況調査の結果、汚染状態が環境省令で定める要件に適合しない場合には、知事等は除染実施計画を定める（三十六条）。
④除染実施者（国、県または市町村）は、除染実施計画に従って除染を実施しなければならない（三十八条）。
⑤ただし、汚染状況調査及び除染実施計画の策定・変更を除き、知事等から要請がある場合には「国の代行」の制度が設けられている（四十二条）。

②の「知事等（政令で定める市町村長を含む）」に関しては、政令一条で「その区域の全部又は一部が汚染状況重点調査地域内にある市町村とする」と定められた。特定廃棄物（汚染廃棄物対策地域内廃棄物・指定廃棄物）、及び除染に伴う土壌・廃棄物の発生量及び処理フローは図５―２のようである。

除染の費用負担に関しては、四十三条で「国が必要な費用についての財政上の措置を講ずる」としているが、さらに四十四条で「事故由来放射性物質による環境の汚染に対処するためこの法律に基づき講ぜられる措置は、原子力損害の賠償に関する法律の規定により関係原子力事業者が賠償する責めに任ずべき損害に係るものとして、当該関係原子力事業者の負担の下に実施されるものとする」と規定している。すなわち、国が財政上の措置を講じるものの、二次的には電力会社が負担するということである。

しかし、電力会社負担といっても、その大部分は電気料金に上乗せされる。電気料金の値上げを抑えるべく国が公的費用の投入など電力会社を救済する措置を講じるとしても、それ

（３）廃棄物処理法は、廃棄物を定義した二条一項で「放射性物質及びこれによって汚染された物を除く」として放射性廃棄物を廃棄物処理法の適用対象外としているが、放射性物質汚染対処特措法二十二条は、「福島原発事故由来の放射性物質により汚染された物」は、廃棄物処理法二条一項にいう「放射性物質及びこれによって汚染された物」には含めないとして、これを廃棄物処理法の適用対象に含めることとした。

は国民の税金で負担される。いずれにしろ、結局は、電気料金または税金をつうじて国民が負担させられることになる。

2　除染はどこでいかに進められるのか

二〇一一年十二月十六日、国は、「原子炉は冷温停止状態に達し、福島原発事故は収束した」との見解を示し、それによって「放射性物質の放出が管理され、放射線量が大幅に抑えられている」というステップ2の目標が達成されたとした。

それに伴い、二〇一一年十二月二十六日に、原子力対策本部より「ステップ2の完了を受けた警戒区域及び避難指示区域の見直しに関する基本的考え方及び今後の検討課題について」が示され、警戒区域及び避難指示区域を見直すこととされた。

ステップ2の完了を受けて、除染に関する方針も見直しがなされ、環境省により「除染特別地域における除染の方針（除染ロードマップ）について」（平成二十四年一月二十六日）が示された。

除染ロードマップでは、避難指示区域が見直され、警戒区域・計画的避難区域に代わって、放射線量に応じて避難指示解除準備区域・居住制限区域・帰還困難区域の三つの区域が設けられることとなった。

図５―２　特定廃棄物及び除染に伴う廃棄物の処理フロー（福島県内）

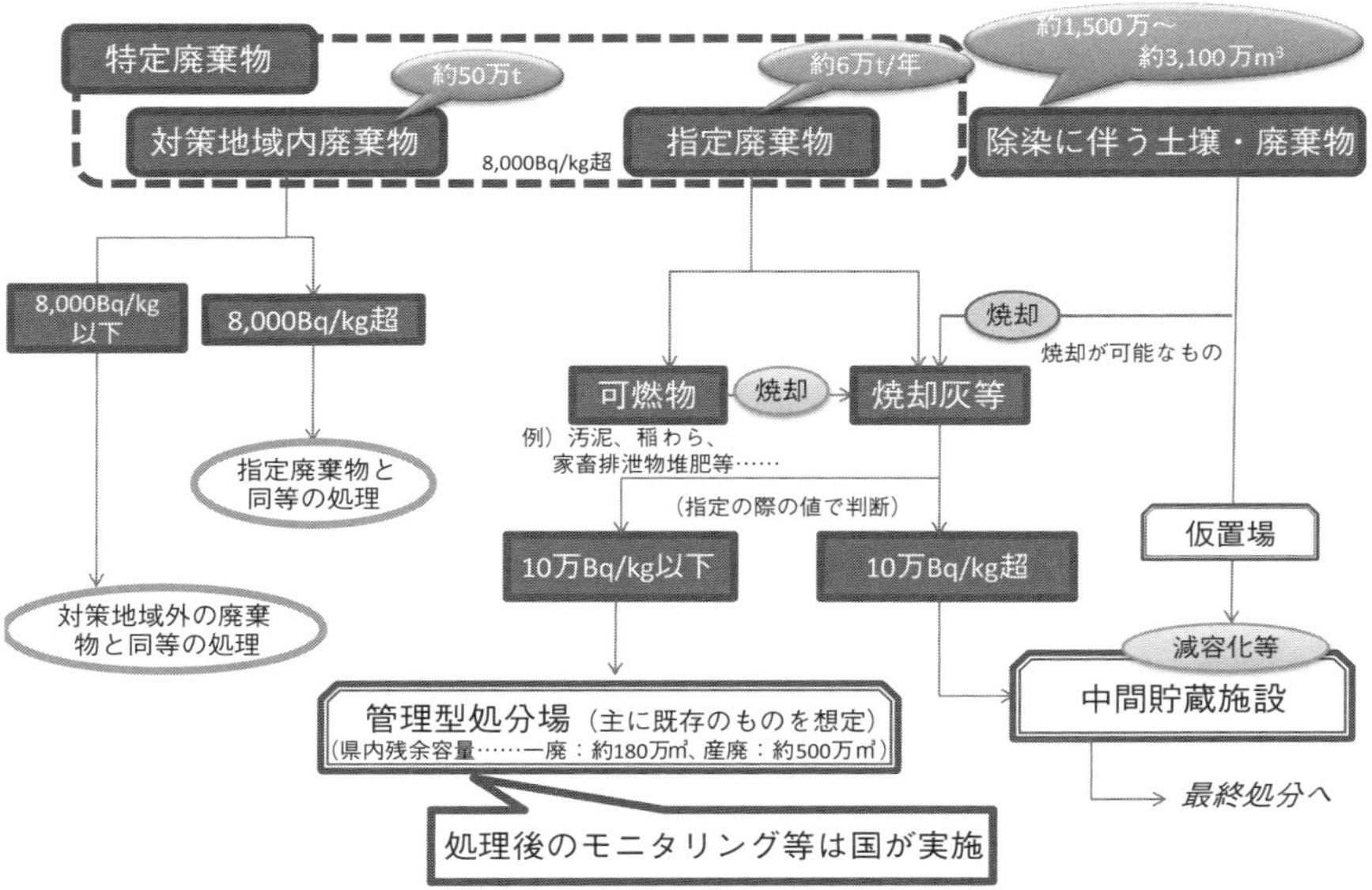

出所：環境省資料（http://www.env.go.jp/jishin/rmp/attach/roadmap111029_a-2.pdf）

「避難指示解除準備区域」は年間追加被曝線量が二〇ミリシーベルト以下になることが確認された地域、「居住制限区域」は年間追加被曝線量が二〇〜五〇ミリシーベルトの地域、「帰還困難区域」は年間追加被曝線量が五〇ミリシーベルトを超える地域である。

これらの区域を設定するうえでは住民や自治体の合意を取り付ける必要があるが、二〇一二年三月三十日、国は、避難指示区域内の一一市町村のうち川内村・田村市・南相馬市については住民や自治体との合意が得られたとして、川内村は「居住制限区域」及び「避難指示解除準備区域」の二つに、田村市は「避難指示解除準備区域」に、南相馬市は「帰還困難区域」、「居住制限区域」及び「避難指示解除準備区域」の三つに見直すことを発表した（図5―3）。

この見直しに伴い、川内村・田村市・南相馬市では、立入りが制限されていた警戒区域が解除され、今後、除染など、住民の帰還に向けた作業が本格化する。

避難指示区域の見直しに伴い、避難指示区域として設定された除染特別地域も、その内訳は避難指示解除準備区域・居住制限区域・帰還困難区域の三つの区域となり、それぞれの区域の除染方針及び除染工程表（図5―4）が示された。

（4）原文では「年間積算線量」と記されていたが、正確には「年間追加被曝線量」である（環境省に確認済み）。居住制限区域・帰還困難区域も「年間追加被曝線量」を基準とする。

図5―3　避難指示区域の見直し

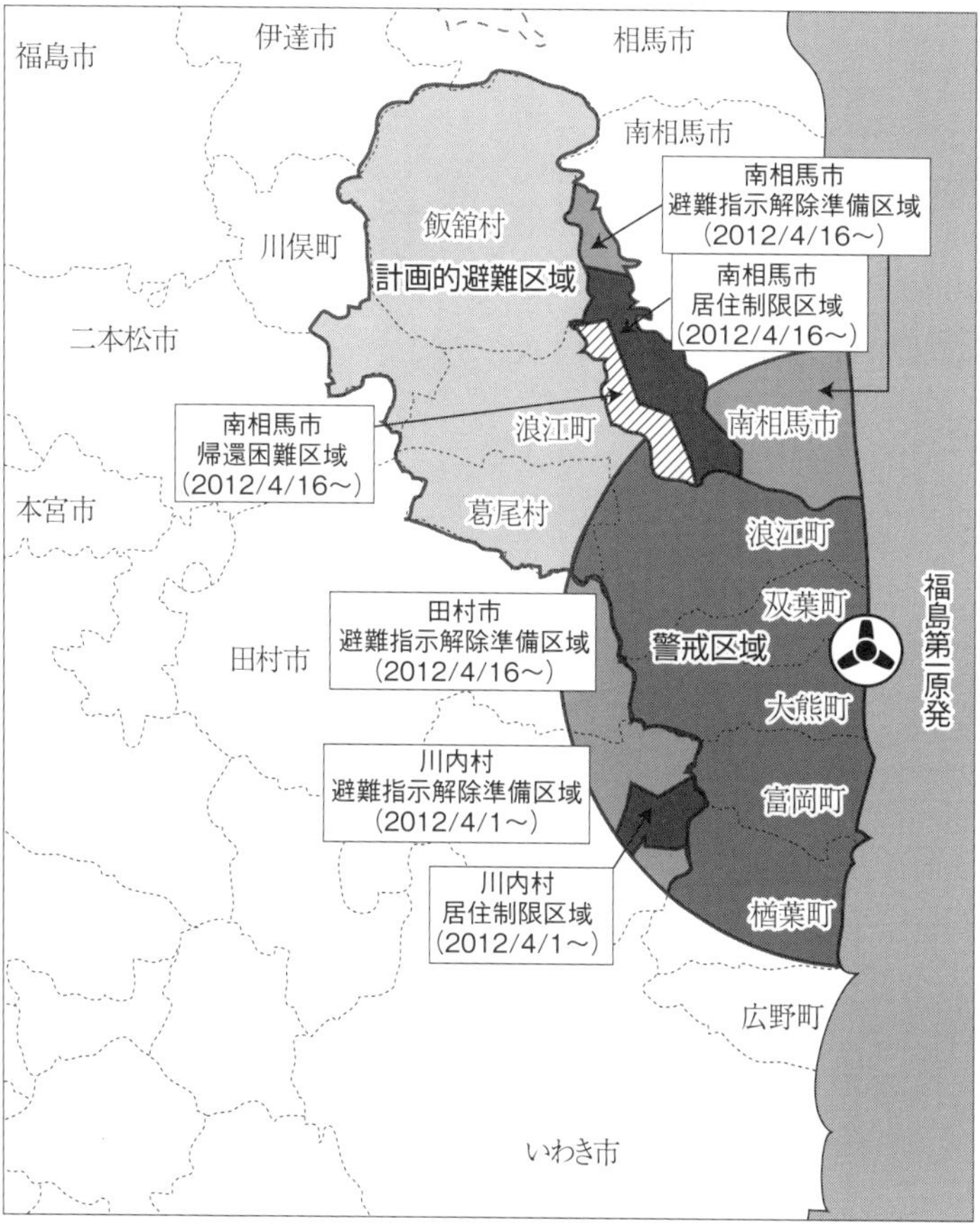

除染事業は次の三段階で進められる。

①除染モデル実証事業（技術的知見の収集）
　モデル事業を通じて得られる除染技術の効果、適用可能性等の知見は除染計画の立案や除染事業に活用される。

②先行除染
　除染活動の拠点となる公的施設（役場、公民館）や道路・上下水道等のインフラ施設を対象とする。

③本格除染
　①、②で得られた知見を活用して策定する除染計画に基づいて進められる。

除染モデル実証事業は、まず帰還困難区域において実施され、それによって得られた知見が、避難指示解除準備区域や居住制限区域における先行除染や本格除染に活用される。

他方、避難指示区域に指定されていた他の八つの自治体（飯舘村・川俣町・浪江町・葛尾村・双葉町・大熊町・富岡町・楢葉町）では、調整が遅れており、区域の見直しは、五月以降にずれ込む見通しである。

図5―4　新たな避難指示区域ごとの除染工程表

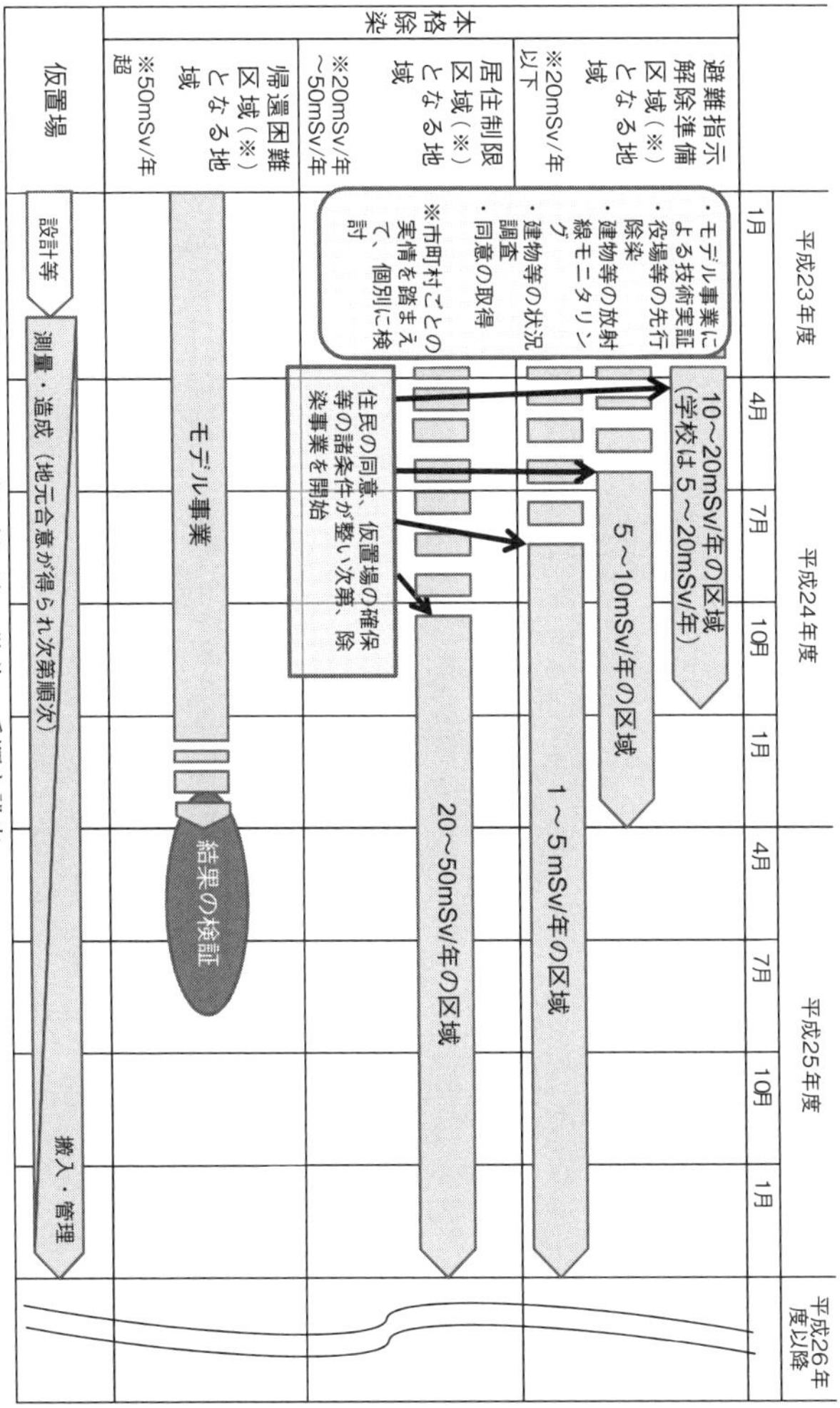

※具体的な除染の実施に際しては、市町村ごとに除染の手順を設定。
※除染の実施に当たっては、モデル事業（内閣府、環境省）等で得られる技術的知見を適宜取り入れる。
出所：環境省「除染特別地域における除染の方針（除染ロードマップ）について」

除染事業の主体は、図5―5にみるように、年間追加被曝線量二〇ミリシーベルトを超える地域は、住民の帰還が実現するまで国が主体的に除染を実施し、二〇ミリシーベルト以下の地域は、市町村が除染計画を作成して実施するとされ、長期的な目標として一ミリシーベルト以下にするとされている。

避難指示解除準備区域における「市町村主体の除染」は、具体的には、追加被曝量が一ミリシーベルト以上（地域の平均的な放射線量が〇・二三マイクロシーベルト以上）の地域を含む市町村を環境大臣が「汚染状況重点地域」として市町村単位で指定し、指定を受けた市町村が調査測定を実施して「除染実施区域」を定めたうえで当該区域での「除染実施計画」を策定し、この計画に基づいて除染をすることとされている。

実施順序は、次のように、線量に応じた順序が組まれている。

・平成二十四年内を目途に、年間一〇ミリシーベルト以上の地域で除染を目指す。
・平成二十四年内を目途に、年間五ミリシーベルト（毎時一マイクロシーベルト）以上の地域にある学校等の除染を目指す。
・平成二十五年三月末までを目途に、年間五～一〇ミリシーベルトの地域の除染を目指す。
・平成二十六年三月末までを目途に、追加被ばく線量が年間一～五ミリシーベルトの地域の除染を目指す。

図5―5　除染実施に関する基本的考え方

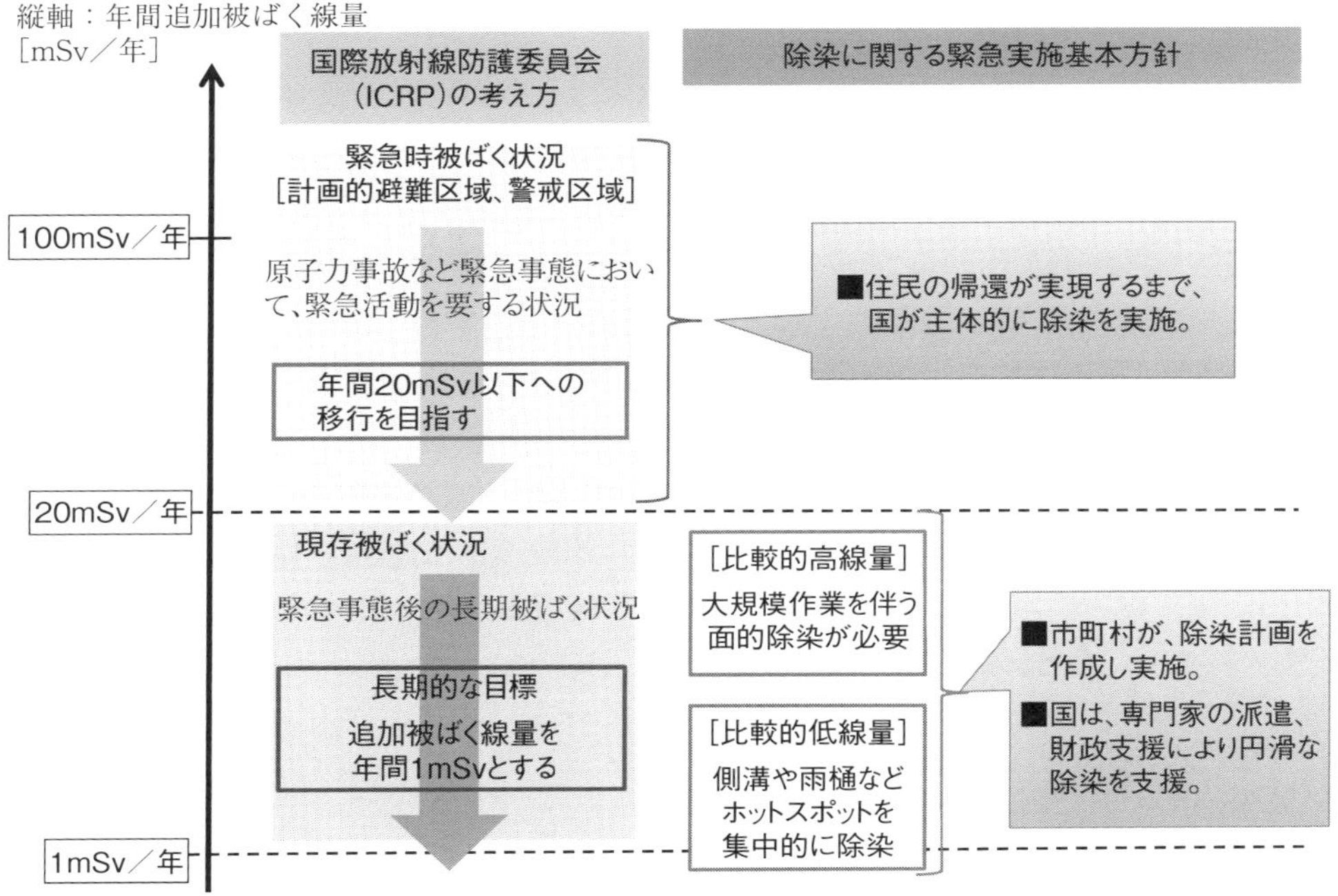

出所：経済産業省ホームページ　http://www.meti.go.jp/press/2011/08/20110826001/20110826001-4.pdf
注：経済産業省ホームページの図では、縦軸の説明が「年間被ばく線量」と記されていたが、環境省に確認をとったうえで「年間追加被ばく線量」に修正した。

3　除染は「移染」

だが、果たして除染は効果があるのだろうか。

たとえば、高圧の水で建物や道路を除染したとしても、放射性物質は、汚染水のほうに移行するだけであり、除染によって減少することはない。汚染水を浄化したとしても、放射性物質は汚泥のほうに移行するだけである。第3章で、汚染物質は、大気・水・土壌の間を移動すると述べたが、放射性物質もまた同様である。したがって、除染は、汚す場所を移しているだけの「移染」にすぎない。

また、汚染してからの時間が経過すればするほど、汚染物質が中に浸透したり、表面の材質と化学反応をしたりするため、除染が困難になる。

さらに、住宅地の除染を施しても、背後に山林があると、雨のたびに汚染された水や泥や葉が流れ込み、また汚染されることを繰り返す。山林の除染を実施しようとすると、樹木を取り除き、表土を数十センチメートルも剥いで入れ替えるような大がかりな作業をしなければならず、かつ山林の価値を台無しにすることから、それは不可能に近い。

そのため、地元では「除染はもういい」という人が多いという(5)。

欧州では、チェルノブイリ事故後、除染や土壌改良は行なわれていない。その理由につい

て、各国政府は、口をそろえて、「コストが大きいのに効果が少ないから」と言うとのことである。(6)

4　巨額の除染利権

当初、国は、除染特別区域を、年間追加被曝量五ミリシーベルト以上の地域としていた。しかし、地元の反発にあい、二〇一一年一〇月、一〜五ミリシーベルトの地域をも含めることとした。

年間追加被曝量一ミリシーベルトは、一日のうち屋外に八時間、屋内（遮蔽効果〇・四倍）に十六時間滞在するという生活パターンでは毎時約〇・一九マイクロシーベルトにあたるが、(7)それに自然界からの放射線量〇・〇四マイクロシーベルト／時を加えて、約〇・二三マイクロシーベルト／時と換算される。

年間被曝量を一時間当たり被曝量に換算するこの方式もきわめて緩いものだが、ともあれ

(5) 毎日新聞二〇一二年三月十四日。
(6) 毎日新聞二〇一二年四月八日。
(7) 算定式は、一〇〇〇マイクロシーベルト÷三六五日÷（八＋一六×〇・四）時間／日＝〇・一九マイクロシーベルト／時
(8) 朝日新聞二〇一一年十月十一日。

〇・二三マイクロシーベルト／時を超えていれば福島県以外でも除染するとされ、二〇一一年九月十八日の空間線量に基づけば、対象区域は、宮城・福島・栃木・群馬・茨城・埼玉・千葉・東京の八都県に及び、面積は、国土面積の約三％にも及ぶことになる。(8)政府が見込む除染関連費は平成十三年度までで計一兆円にのぼるが、除染が本格化する今後、除染費用が莫大になることは必至であり、数十兆円に及ぶとも百兆円を超えるとも言われている。

ここに、「がれき利権」をはるかにしのぐ巨額の「除染利権」が誕生した。(9)

国の除染事業を発注するのは、環境省が福島市に開設した福島環境再生事務所である。すでに昨年十一月末から除染モデル実証事業が始まったが、そこでは除染をめぐって原子力村の利権構造が浮き彫りとなっている。

除染モデル実証事業を受託したのは、原発を推進してきた独立行政法人の日本原子力研究開発機構である。国からの約一一九億円の委託費に対し、三つの共同企業体（ＪＶ）への再委託費は総額約七二億円。実に四〇億円以上の〝ピンハネ〟である。

さらに問題なのは、再委託先のＪＶである。

再委託先のＪＶの幹事会社は、原発建設の受注でトップ3を占める大手ゼネコン、鹿島建設、大林組、大成建設である。原発建設の実績がそのまま横すべりして、除染ビジネスの受注に反映された形である。

原発は業界で「打ち出の小槌」と呼ばれ、１号機の建屋を請け負ったゼネコンが後発基の建屋も総取りするのが慣例という。全国の全五七基（総建設費約一三兆円）の原子炉建屋のうち、鹿島は二四基、大林組は一一基、大成建設は一〇基の建設実績を誇る。福島第一原発は六基とも鹿島が受注した。

要するに、原発利権にあずかった者たちが、いま除染利権にあずかっているのであり、原子力村の「焼け太り」、あるいは「マッチポンプ」である。

彼らは、欧州で除染には効果がないとの結論が出ていることくらい知っているはずである。しかし、彼らには、効果があろうとなかろうと、予算がついて除染事業ができればいいのである。

除染事業でも、がれき処理事業と同様、ゼネコンはマージンが狙いであり、実際に作業をするのは、下請けや孫請けである。そこでは、ピンはねが日常茶飯事である。[10] さらに、伊達市除染支援事業組合（後述）の設立に際して除染作業からの暴力団排除が宣言されたことに示されるように、除染作業には暴力団が介在することも少なくないという。

他方、地元建設業も、指をくわえて見ているだけではない。

（９）除染利権に関しては、東京新聞二〇一一年十二月八日、日刊ゲンダイ二〇一二年一月七日、週刊ポスト二〇一二年三月十六日号、阿修羅掲示板 http://www.asyura.com/ 等を参照した。

福島市では、二〇一二年一月、福島商工会議所建設業部会が中心となって、「福島市除染支援事業組合」を設立した。同組合には、二一〇を超える建設業者が参加し、市からの発注の受け皿となって除染活動を進めていくとされている。そのほか、伊達市の「伊達市除染支援事業組合」も同趣旨の組合であり、南相馬市、川内村でも同様の組合が設立された。

しかし、規模の小さな市町村発注の除染事業には大手ゼネコンは参入しないと見られていたものの、実際には参入が加速しており、地元の事業組合は苦戦を強いられているという。[11]それればかりか、放射性物質汚染対処特措法ができてから、個人宅から民民（民間人と民間企業）で受注を受けることができなくなり、かえって地元受注が減ったともいわれている。

三　避難と隔離を柱とした対策を

1　チェルノブイリでは住民が「避難の権利」を持つ

チェルノブイリ原発事故では、住民の避難や移住についての制度はどのようになっているのだろうか。[12]

チェルノブイリ原発事故後、旧ソ連の対応は十分なものではなかったが、一九九一年、旧ソ連政府は方針を転換し、チェルノブイリ事故による被害を最大限に軽減するための対策についての原則と基準（「チェルノブイリ・コンセプト」と呼ばれる）を採択した。この新しい指針に基づき、一ミリシーベルト／年以上の汚染地域における住民の保護等の方針が確立し、実施されるようになった。

この新しい指針では、一ミリシーベルト／年以上の汚染地域について政府に放射線防護措置をとる義務があることを明記し、当該地域の住民は、補償を受けるとともに、住み続けるか他地域に移住するかに関する正確な情報を受け、自己の判断に基づき、いずれかを選択する権利を持つとされている。要するに、住民は「避難の権利」を持つのである。

ソ連の崩壊後、市民の保護は後継各国に引き継がれた。放射能で最も汚染されたロシア、

---

(10)東京新聞二〇一二年三月二十八日には、ゼネコンの三次下請けで除染作業に従事した労働者がピンはねにあい、「福島は母親の出身地でもあったので除染に参加したが、これでは詐欺と変わらない。同じ思いの人はたくさんいると思う」と語っていることが紹介されている。

(11)朝日新聞二〇一二年一月三十一日。

(12)チェルノブイリ事故後の住民の移住に関する制度については、次の文献を参照した。

特定非営利活動法人ヒューマンライツ・ナウ「子供たちの健康と未来を守るために、日本政府に対し少なくともチェルノブイリ事故並みの住民保護政策に直ちに転換するよう求めます」http://hrn.or.jp/activity/2011/10/16/2011101_yousei_higai.pdf　オレグ・ナスビット、今中哲二「ウクライナでの事故への法的取り組み」http://www.rri.kyoto-u.ac.jp/NSRG/Chernobyl/saigai/Nas95-J.html

ナスビット・今中論文では、ウクライナにおいては、土壌汚染密度は、セシウムのみならずストロンチウムやプルトニウムに関しても基準が設定され、セシウム・ストロンチウム・プルトニウムの基準のいずれかを満たせば各ゾーンに含まれる、とされている。

ウクライナ、ベラルーシの三国の法律では、セシウム137の汚染度が一平方メートルあたり三七キロベクレル以上とされた地域は「汚染地域」に指定され、その地域と住民に対する政府の措置が表5―1のように講じられた。

ロシア政府は、年間被曝量が一ミリシーベルトを超える地域に住む市民で、「避難の権利」に基づき移住した人々に、賠償金のほか、家屋や処分された家畜などの損失財産の補償や、移住にあたっての一時金の交付、転居費用の供与、優先的な就職斡旋、就業援助、所得補償措置などの社会的援助を受ける権利を与えている。ウクライナでも、「避難の権利」に基づき移住した人々には、同様の支援・補償のほか、医療支援として、サナトリウムや転地治療所での無償治療、毎年の健康検査、医薬品の無償提供、療養地での治療費用の提供などの社会的援助が与えられている。さらに、食の安全の見地から、ベラルーシでは、子どもに対する被曝低減策のひとつとして、汚染地域に住む就学児や生徒二〇万人以上に汚染されていない食事が無料で配給され、ロシアでも、被曝量が一ミリシーベルト／年以上の地域に住む住民で居住地に留まることを選択した者には、国際的に確立された放射線基準値を下回り、かつ、栄養価が保障された食糧を国の責任で外部から供給すると法律で明記されている。

また、五ミリシーベルト／年以上の地域では、強制・義務的移住が実施され、移住は、第

表５―１　チェルノブイリ事故による汚染地域に対する施策

ゾーン	土壌汚染密度	施策
a）30キロ圏内：Exclusion zone（法８条）	セシウム137の汚染度が555kBq/㎡を超えたところ	避難または移住が実施された
b）移住ゾーン：Evacuation Zone（法９条）	30キロ圏外でセシウム137の汚染度が555kBq/㎡を超えるところ（これによる放射線量が5mSv/年以上の地域）	住民は避難・移住・補償を受ける
c）避難の権利が認められた居住区域（法10条）	30キロ圏外でセシウム137の汚染度が185～555kBq/㎡（これによる放射線量が１mSv以上の地域）	住民は自発的に移住できる権利が認められた
d）社会経済的特権のある居住区域（法11条）	セシウム137の汚染度が37～185kBq/㎡（これによる放射線量が１mSv以下の地域）	住民は平均以上の生活が送れるような措置を受ける

出所：特定非営利活動法人ヒューマンライツ・ナウ「子供たちの健康と未来を守るために、日本政府に対し少なくともチェルノブイリ事故並みの住民保護政策に直ちに転換するよう求めます」
注：ナスビット・今中「ウクライナでの事故への法的取り組み」によれば、「ａ）30キロ圏内」は、チェルノブイリ事故が起きた1986年に住民が避難した地域である。

一ステージ「強制・義務的移住」、第二ステージ「避難の権利に基づく移住」と、段階的に実施された。移住対象区域の面積は、ロシア・ベラルーシ・ウクライナ三カ国合計で約一万平方キロメートル（岐阜県の面積に相当）、人口は、表５―１ａが約一三・五万人、ｂが約二七万人、計約四〇万人以上にものぼる（今中哲二「チェルノブイリ事故によるセシウム汚染」http://www.rri.kyoto-u.ac.jp/NSRG/Chernobyl/JHT/JH9606A.html）。

要するに、年間被曝量五ミリシーベルト以上の地域は、住民を強制的に避難・移住させ、年間被曝量一〜五ミリシーベルトの地域においては、住民が「避難の権利」を持つとともに避難後の生活に国からの手厚い援助を受けられるのである。

2 チェルノブイリと福島

チェルノブイリ原発事故に対する施策と福島原発事故に対する施策とを比較すれば、両者の違いは歴然としている。

チェルノブイリでは、年間五ミリシーベルト以上の地域は強制的に避難・移住させる一方、年間被曝量一〜五ミリシーベルトの地域においては住民が「避難の権利」を持つとし、強制移住のみならず、「避難の権利」に基づく移住にも補償と援助を与えた。

他方、福島では、年間二〇ミリシーベルトが帰還の基準とされ、二〇ミリシーベルトを超える地域の除染は国が、二〇ミリシーベルト以下の除染は市町村が行なうとされており、欧州では「コストばかりかかって効果が薄い」とされる除染に、電気料金ないし税金で裏付けされる数十兆円もの資金がつぎ込まれようとしている。

福島方式では、数十兆円もの資金がゼネコンを中心とした建設業者に流れこみ、とりわけ、原発建設で儲けてきた大手ゼネコン三社が儲かることになる。

これでは、「被災者のための除染・復興」ではなく、「ゼネコンのための除染・復興」、「原子力村のための除染・復興」ではないか。

復興資金は、避難を優先すれば被災者に入り、除染を優先すればゼネコンに落ちる。復興資金がゼネコンに落ちれば落ちるほど、被災者に入る分は少なくなる。「被災者のための復興」をめざすならば、日本でも、避難を柱とした施策を講じるべきである。図５―１にみるように、警戒区域内の人口は七・八万人、計画的避難区域内の人口は一万人、計八・八万人であるから、除染の代わりに避難を柱とすれば、きわめて手厚い補償や助成が可能になるはずである。

国が、避難でなく除染を柱とするのは、被災者よりもゼネコンや産業振興を優先しているからである。日本には、明治以来、人間や環境よりも産業や経済成長を優先する体質が染みついており、環境政策も産業振興を目的としてつくられることが多いが、東日本大震災からの復興でもまた、同じ構図がつくられているのである。

「ゼネコンのための除染」をごまかすのに利用されているのが、帰還願望である。「除染よりも避難を」と言うと、被災者の帰還願望や復興に水を差す発言として叩かれる、それどころか、非国民扱いさえされるといった現象が繰り広げられている。

しかし、帰還の基準とされている年間被曝量二〇ミリシーベルトは、もともと労働安全衛生法で放射線業務従事者に適用されていた基準であり、一般国民の年間許容被曝量は一ミリシーベルトであった。福島原発事故直後の二〇一一年四月に、年間被曝量二〇ミリシーベルトが成人の一〇倍も放射線被害を受けるとされている子どもにまで適用されて大きな問題となったことは記憶に新しい。

労働安全衛生法では、「放射線管理区域」の設置基準を「外部放射線による実効線量と空気中の放射性物質による実効線量との合計が三カ月間につき一・三ミリシーベルトを超えるおそれのある区域」とし、区域を標識によって明示するとともに、「事業者は、必要のある者以外の者を管理区域に立ち入らせてはならない」（電離放射線障害防止規則三条四項）と規定されている。[13]

「三カ月間につき一・三ミリシーベルト」は、一年間に換算すれば五・二ミリシーベルトである。ということは、帰還の基準とされている年間被曝量二〇ミリシーベルトは、「必要のある者以外の者を管理区域に立ち入らせてはならない」とされている放射線管理区域の設置基準の約四倍もの値である。そんなところへ帰還させること自体が、そもそも誤りであり、暴挙である。

そのような暴挙をなぜ犯すのか。

それは、帰還を推進しなければ、除染ができないからである。帰還がなければ、除染も不要ということになり、除染利権がなくなるからである。いいかえれば、住民の帰還願望が除染利権を正当化するために利用されているのである。

チェルノブイリ原発事故から学ぶべきは、除染よりも避難を優先すべきこと、及び住民に「避難の権利」を与えるべきということである。チェルノブイリ事故以前ならばともかく、チェルノブイリ事故後に、しかも、それらの教訓が旧ソ連でも欧州でも生かされ、実行されているにもかかわらず、教訓を無視した「除染優先」「ゼネコン優先」の政策を採ることは犯罪ですらある。

3　がれき利権と除染利権と帰還推進はセットになっている

「処理の大原則」に反した「がれきの広域処理」が進められるのは「がれき利権」のためであり、避難よりも除染が優先されるのは「除染利権」のためである。

(13)　放射線が人に与える影響の大きさは、吸収された放射線のエネルギー（吸収線量、単位はグレイ）とともに、放射線の種類や放射線が当たる臓器などの組織によって異なる。

人体のある組織（胃や肝臓や甲状腺など）が受ける影響は、吸収線量に、放射能の種類の違いを考慮した放射線荷重係数をかけて求められるが、これを等価線量という。

被曝によってある組織の受ける影響が身体全体の受ける影響に占める割合を組織荷重係数といい、実効線量とは、各組織の等価線量にそれぞれの組織荷重係数をかけた値をすべての組織にわたって合計することで求められ、単位はシーベルトである。

要するに、実効線量とは、ある放射線により身体全体が受ける影響を表わす線量であり、通常「被曝量」と表現されているものは実効線量である。

そして、除染利権のために、福島原発周辺に放射能がれきを集中させることができず、「がれきの広域処理」が進められる。つまり、「がれき利権」と「除染利権」はセットであり、「除染利権」が「がれき利権」を生んでいる。

さらに、「除染利権」を支えているのが「帰還推進」である。住民が帰還しないとなると除染の必要性はなくなり、除染利権も消滅する。そのため、放射線管理区域の設置基準の約四倍もの放射能汚染地域へ帰還させようとするのである。

つまり、「がれき利権」と「除染利権」と「帰還推進」はセットであり、「帰還推進」が「がれき利権」と「除染利権」を支えている。

チェルノブイリでは、事故から四半世紀以上たった現在も、強制立ち退きとなった原発の周囲三〇km以内の約一一万人の住民が帰還できる見通しは立っていない。爆発した四号機をおおっている石棺に近づくと、毎時五・二四マイクロシーベルト（年間約四六ミリシーベルト）を記録したという(14)。

他方、二〇一二年四月二十二日に日本政府が発表した福島の空間放射線量の将来予測では、十年後にも現在のチェルノブイリの石棺そばよりも濃度の高い年間五〇ミリシーベルト以上の地域が双葉・大熊・浪江の各町に残るとされている。にもかかわらず、「帰還推進」をめざすとは、とうてい納得できない方針である。

「除染よりも避難を」という考えは、福島第一原発の立地する双葉町の井戸川町長もまったく同じである。井戸川町長は、自分のみならず、「多くの町民がそのように考えています」と述べ、さらに、どこかに集団で避難して「新しい双葉町をつくりたい」と希望している。(15)

ところが、国は、双葉町長や町民の切実な要望に耳を貸さないばかりか、高濃度に放射能で汚染された廃棄物の中間貯蔵施設を双葉町・大熊町・楢葉町の三町に分散設置しようとしているのである。

井戸川町長が中間貯蔵施設の押付けを拒否し、「福島原発事故の責任を明らかにせよ」、「一ミリシーベルト／年が基準だったのに何故二〇ミリシーベルト／年を帰還の基準とするのか、説明せよ」と要求しているのは、理にも情にも道義にも適ったことである。

４　四号機問題が続くのに帰還推進とは

そのうえ、福島原発は、いつまた放射性物質を大量放出するか、わからない。

国は二〇一一年十二月に福島第一原発は「冷温停止状態」に達したとして収束宣言をした

(14)　産経新聞二〇一二年四月二十三日
(15)　You Tube「反面教師にしてほしい」双葉町井戸川町長インタビュー
(16)　大沼安史『世界が見た福島原発災害３』（緑風出版）、一一八頁。

が、実態は、およそ収束とはかけ離れている。

京大原子炉実験所の小出裕章氏によれば、「冷温停止」とは、「原子炉が無傷で、炉の冷却システムが華氏二〇〇度(摂氏九三度)以下で運転されている状態」を言うのであって、原子炉が壊れ、核燃料がメルトスルー(原子炉貫通)を起こしている福島第一原発の状態が、「冷温停止」であるはずがない(16)。

実際、「冷温停止状態」は、世界から批判されている。ニューヨーク・タイムズは、小出氏の「(「冷温停止状態」なる言い方は)収束にどうも近づいているようだ、との印象を持たせるため、引っ張り出したものです。……私たちは歴史的な規模の、長い闘いに直面しているのです。その闘いが終わるころには、私たちのほとんどが、もうこの世には生きていません」とのコメントを伝え、また、ドイツのＤＰＡ通信は、次のように報じた(17)。

専門家や環境保護派たちは、日本政府が「冷温停止」という技術的な概念を誤用していることを非難している。「ここで『冷温停止』を言うのは、見え透いた嘘をつくのに等しい」と「グローバル二〇〇〇」のラインハルト・ウアリッヒ氏は明言した。

国の言う「冷温停止状態」とは、実態に基づき「冷温停止」ではないと追及された際に、「冷温停止とは言わず、冷温停止状態と言っている」と抗弁するための、姑息なごまかし、言葉いじりにほかならない。

それどころか、福島第一原発四号機は、いつ建屋が崩れるとも限らない状態が続いている。

実は、福島原発事故直後からわかっていたことだが、四号機は、他の号機よりもはるかに危険な状態が続いている。なぜなら、福島第一原発の一号機〜三号機は、メルトスルーを起こしているものの、それらは一応頑丈な格納容器の中で起こっているのに対し、四号機は、格納容器外の貯蔵プールに一五三五本もの使用済み燃料を抱えているからである。四号機の建屋は東日本大震災でダメージを受けており、今後、強い地震が起きて建屋が倒壊したりプールに破損が生じたりすれば、プール内の水がなくなって、使用済み燃料が溶け出したり、飛び散ったりする恐れがある。そうなれば、チェルノブイリの八五倍のセシウムが放出され、

---

(17) 大沼安史、前掲書、二六〜二九頁。
(18) 四号機問題は、小出裕章氏によっても指摘され、また海外でも報道されている。
「小出裕章：四号機燃料プールが崩壊すれば日本は〝おしまい〟です」
http://www.youtube.com/watch?v=a7h44TPMHuU
「四号機燃料プールが崩壊すれば日本の終わりを意味する」（ドイツＺＤＦ）
http://www.youtube.com/watch?v=UtqF4PHPPlg

「日本が終わる」とまで言われている。[18]

東京新聞（二〇一二年四月十七日）は、四号機問題を要旨次のように伝えている。

四号機問題は、震災直後から最も重大な問題として関係者から認識されており、「東電は今後、原子炉建屋に燃料棒を取り出す機器を取り付け、三年ほどで燃料を取り出す方針だが、それまで四号機の構造が耐えられるかを不安視する声は多い」。東電はプールの底を鋼鉄の支柱とコンクリートで補強する工事をしたが、芝浦工大の後藤政志講師は「支柱を支える床の強度が保たれれば、簡単には崩れないと思う。しかし、大規模な余震がくれば、それも分からない」と心配する。

最悪のシナリオは、プールの底が抜け、核燃料が飛び散ることだが、後藤講師は「近づけば必ず死ぬ使用済み核燃料をどう回収し、水の中に戻すのか。現在の科学では対処は不可能だ」と話す。京都大原子炉実験所の小出裕章助教も「再稼働うんぬんの前に、四号機の使用済み核燃料を一刻も早く安全な場所に移すことが最優先課題。次の地震がいつ来るか分からない」と不安視する。

東電は、今年秋ごろまでに、作業の支障となる骨組みや壁、鉄骨、がれきを撤去し、三年後には、使用済み核燃料を安全な場所に移すという。

しかし、米ゼネラル・エレクトリック（ＧＥ）元社員で、東電の協力会社「東北エンタープライズ」の名嘉幸照社長は「四号機プールについては、現場の感覚でいえば、準備に約三年間、取り出し完了は最低でも五年後では。水面から燃料が頭を出せば、近くの人間は即死する。クレーンひとつとっても正確なコンピューター制御が必要だ。簡単じゃない」とみる。

名嘉氏は政府が早々と避難指示区域を再編したことについて「四号機のプールで起きうる最悪の事態を回避する作業が終わっていないのに、帰還させてよいのだろうか」と疑問視している。

四号機問題は、いまや世界を破滅に導くかもしれない問題として、世界的に注目されつつある。

村田光平氏（元駐スイス大使）は、福島第一原発四号機の破滅的事態を避けるために、野田総理に意見書を送るとともに、参議院予算委員会の公聴会でも、国会議員たちに訴えてきた。また、二〇一二年三月にソウルで開催された核セキュリティ・サミットでも、参加国の出席

（19）http://kaleido11.blog111.fc2.com/blog-entry-1212.html

者に、国際協力によって、この問題を解決すべきである旨を説いてきた。さらに、四月八日には、枝野経産大臣、細野環境大臣、米倉経団連会長に、「四号機問題は、すでに国際的な問題に発展している。世界を破滅に導くかもしれない四号機問題に、何よりも真っ先に解決の道筋をつけることは日本政府の国際的責務である」と要請している。(19)

四号機問題が今後長期に続くにも関わらず、福島原発周辺市町村への帰還を推進するとは、殺人にも等しい行為である。

5　福島県は何故「帰還推進」か

国の「双葉町等に中間貯蔵施設を設置する」という案自体は必ずしも悪い案ではない。より高濃度のほうに集中させていくという「処理の原則」に適っているからである。

しかし、放射性物質汚染対処特措法三条「国は、これまで原子力政策を推進してきたことに伴う社会的責任を負っていることに鑑み、事故由来放射性物質による環境の汚染への対処に関し、必要な措置を講ずるものとする」に規定されているように、国が原発を推進してきた責任を認めているからには、中間貯蔵施設を押し付ける前に、双葉町長や多くの町民の「新天地への避難」の要望に応えるべきは当然である。

本来なら、「新天地への避難」をバックアップすべき福島県であるが、その方針は一貫して

「帰還推進」であるうえ、県民の健康に本当に配慮しているのか、きわめて疑わしい姿勢が続いている。

震災直後から「年間一〇〇ミリシーベルトまで浴びても人体に影響ない[20]」との主張を繰返して「ミスター一〇〇ミリシーベルト」の称号を頂戴した山下俊一長崎大学教授を招いて福島県内の各地で講演会を開いたり、その後、同氏を福島県立医大副学長に招き、県の放射線医学県民健康管理センター長に任命したりしているのである。

その山下氏は、福島県下における診療を県の「県民健康管理調査」に絞るような方針を採っている。

「福島県立大学・放射線医学県民健康管理センター長　山下俊一」名で「日本甲状線学会会員の皆様へ」と題して出された文書には、次のように記されている（傍線引用者[21]）。

(20) 山下氏は、「放射線の光と影」（日本臨床内科医会会誌第二三巻第五号、二〇〇九年三月）において、「主として二〇歳未満の人たちで、過剰な放射線を被ばくすると、一〇〜一〇〇ミリシーベルトの間で発がんが起こりうるというリスクを否定できません。CT一回で一〇ミリシーベルトと覚えると年間被ばく線量を超えるということがわかります」（五四三頁）と記している（http://einstein2011.blog.fc2.com/blog-entry-570.html 参照）。

したがって、福島原発事故以降の「一〇〇ミリシーベルトまで浴びても人体に影響ない」との氏の主張は、原子力村のための意図的な嘘とみるほかはない。

(21) http://blog.goo.ne.jp/nagaikenji20070927/e/e2100c8c4d468e822015d2566e090d9f

福島県では、東日本大震災に伴い発生した東京電力福島第一原発事故による放射能汚染を踏まえて、県民の「健康見守り」事業である長期健康管理を目的として、全県民を対象とする福島県「県民健康管理調査」を行なっております。そのなかで、震災時に0から18歳であった全県民を対象に、甲状腺の超音波検査を開始して参りました。

〈中略〉

さて、一次の超音波検査で、二次検査が必要なものは五・一mm以上の結節（しこり）と二〇・一mm以上の嚢胞（充実性部分を含まない、コロイドなどの液体の貯留のみのもの）としております。したがって、異常所見を認めなかった方だけでなく、五mm以下の結節や二〇mm以下の嚢胞を有する所見者は、細胞診などの精査や治療の対象とならないものと判定しております。先生方にも、この結果に対して、保護者の皆さまから問い合わせやご相談が少なからずあろうかと存じます。どうか、次回の検査を受けるまでの間に自覚症状が出現しない限り、追加検査は必要がないことをご理解いただき、十分にご説明いただきたく存じます。

医者の診断についてはセカンドオピニオン（他の医者の意見）を聞く必要があることが常識

となっている今日、このような文書を出すとは驚くべきことである。県で独占した診断により「影響がないから避難の必要はない」として、除染事業推進につなげようとしているとみるほかはない。

佐藤雄平福島県知事は、福島県下で最も原発を推進してきた政治家である渡部恒三民主党議員の甥であり、東電に厳しい注文をつけるようになったために冤罪で政治生命を奪われた佐藤栄佐久前知事(22)の後釜として、渡辺議員によって据えられたといわれている。佐藤雄平知事は、福島原発事故以降は、さすがに「県下では原発は認めない」と言っているものの、「帰還推進」や「山下氏重用」から判断すれば、今度は除染利権を狙っていると見られてもやむを得ない。

以上述べてきたように、「帰還推進」が「がれき利権」と「除染利権」を支えている。ということは、「帰還よりも避難」の実現が利権構造を突き崩せることになる。「帰還よりも避難」及び「避難と隔離」を柱とした対策を実現できるか否かが、震災復興の

(22) 福島原発に関し、東京電力や国にも直言を重ね、「闘う知事」として福島県で絶大な人気を誇っていた佐藤栄佐久元福島県知事は、弟の会社からの収賄容疑で逮捕され、起訴された。公判では有罪とする根拠がすべて崩れたが、高裁判決は「収賄額ゼロの有罪」という世にも奇妙な判決となった。収賄の容疑は晴れたものの、そのときには佐藤栄佐久氏は既に政治生命を失っていた。詳しくは、佐藤栄佐久『知事抹殺』を参照。

ありよう、ひいては、この国の未来の姿を決める鍵である。

四　農水産物こそ浄化と復興の鍵

1　汚染物質は資源物質

「避難と隔離」を柱とした対策を実現することは、きわめて重要だが、それだけで問題が片付くわけではない。

東北地方・関東地方は、福島原発事故により、広範囲の農地や漁場や住宅地が放射性物質で汚染されている。とりわけ、農漁業の被害は深刻で、多くの農漁民が生活苦に追い込まれている。この問題を解決するには、汚染地域の浄化が必要である。

しかし、本章二で述べたように、除染は「移染」にすぎず、また「コストが大きいのに効果が少ない」。また、汚染後時間が経てば経つほど、除染は困難になる。そして、日本での除染は、浄化目的というよりも利権目的で進められている。したがって、浄化を除染によって進めることは基本的に誤りである。

では、汚染の浄化をいかに進めるか。

浄化策を探るために、「汚染」や「有害」を掘り下げて考えてみよう。

「汚染物質」や「有害物質」は、水銀やカドミウム等に対して日常的に使われている言葉であるが、よく考えると、実はおかしな言葉である。そんなに厄介な困り者であれば、初めから地下から資源として掘り出さなければよいからである。製品をつくるうえで必要だからこそ地下から掘り出して原料として生産に用い、また製品の中に入れて使用したはずである。であるならば、製品として使用した後に「有害物質」などと呼んで厄介者扱いするのは、水銀やカドミウムに対して随分失礼な話である。

厄介者扱いするのでなく、逆に恩恵をもたらす有り難いものとしてとらえなおせば、まったく違った姿が見えてくる。たとえば、水銀やカドミウムは「有害物質」とされ、それらを高濃度に含めば含むほど有害度が増すとされるが、視点を変えて「資源」としてとらえれば、水銀やカドミウムを高濃度に含めば含むほど価値のある資源となる。含まれる水銀等の回収コストが小さくなるからである。つまり、「汚染物質」は、視点を変えて見れば、「資源物質」なのである。このように、「汚染物質」をむしろプラスととらえる視点からみていけば、マイナスとしてとらえる限り見えてこない活用法が見えてくるはずである。

2　農水産物は大地や海を浄化する

では、放射能で汚染された農水産物は、どのように見れば、プラスの姿に見えてくるだろうか。

農水産物が放射能で汚染されているということは、裏返せば、農地や漁場に含まれている放射性物質を除去し、大地や海を浄化してくれているということである。つまり、農水産物が地域を浄化してくれるのである。とすれば、農水産物による浄化という手法もあり得るはずである。

農水産物による浄化は、大量の資源やエネルギーの投入を必要とする除染事業と異なり、植物や動物が太陽エネルギーによって行なってくれる。

したがって、同じ資金で行なうとすれば、除染事業よりも、浄化効率はよくなるはずである。

にもかかわらず、放射能で汚染された農水産物を廃棄物としてのみ見なして廃棄し、浄化をゼネコンによる除染事業によってのみ進めようとするのは誤りである。農漁業による浄化という、より費用効率的な手法を優先すべきである。

農漁業による浄化は、ゼネコンによる除染よりも、はるかに費用効率的で、かつ、被害者救済という点からもはるかに有意義な浄化手法になる。

にもかかわらず、農漁業による浄化が一顧だにされず、数十兆円もの費用をかけて除染事業が進められるのは、ゼネコン利権のためである。

である。

３　農産物からバイオエネルギーを

農漁業による浄化に加え、放射能で汚染された農産物を活用する手法があれば、一石二鳥である。

しかし、いうまでもなく、汚染農産物を食料や飼料にすることはできない。

そのうえ、放射性物質は、同じ有害物質でも、水銀やカドミウムよりも、その活用は厄介である。水銀やカドミウムは他の元素に変わることがないため、回収すれば再び同じ製品の原料として使用できるが、放射性物質は、放射能を出すことで別の元素に変化するため、回収して再び同じ製品の原料として使用することはできないからである。

それでも、セシウム１３７は湿度計、密度計、流量計などの工業用計器に使用することは可能である。しかし、福島原発事故による放出量はセシウム１３７の需要をはるかに超えており、それだけでは解決にならない。

したがって、放射能で汚染された農水産物等を資源物質とするには、食料・飼料やマテリアルリサイクル（製品の原料とするリサイクル）以外の方法を考えなければならない。

(23)「ナロジチ再生・菜の花プロジェクト」については河田昌東『チェルノブイリと福島』一三一～一四九頁を参照した。

そこで注目されるのが「チェルノブイリ救援・中部」の「ナロジチ再生・菜の花プロジェクト」である(23)。

「チェルノブイリ救援・中部」は一九九〇年四月に発足して以来、チェルノブリ事故の被災地で救援活動に取り組んでいるが、医療支援により病気がいったん治っても、家に戻ると汚染食品を食べて内部被曝し、また病気を抱える。この繰り返しを何とか改善したいということで二〇〇七年から始められた新しいプロジェクトが「ナロジチ再生・菜の花プロジェクト」である。

セシウム137はカリウムと化学的に同じ性質、ストロンチウム90はカルシウムと化学的に同じ性質なので、植物がそれらをカリウムやカルシウムと同様に吸収する。「ナロジチ再生・菜の花プロジェクト」は、この原理を利用して、次のような手続きで浄化を進める。

①汚染した土壌に作付けしたナタネ(春蒔きナタネと秋蒔きナタネがある)が成長に伴ってセシウム137やストロンチウム90を吸収する。
②それら放射性物質は種子に蓄積する。
③種子から油を絞る。
④汚染していなければ油を食用にできるし石鹸原料にもできる。
⑤また、バイオディーゼル油に転換して、農地を耕すトラクターの燃料に使う。

⑥放射能は、油粕、茎、葉などのバイオマスに残留するので、汚染したバイオマスからバイオガスを生産する。メタンガスには、放射能汚染がないので、これも燃料として利用する。

放射能は最終的には、バイオガスを作ったあとの排水に残る。放射性セシウムとかストロンチウムが排水中に入ってくる。これを最終的に処分しなければならない。そこで、プロジェクトでは、排水中の放射性物質を吸着材で吸着し、吸着材を永久保管しようとしている。放射性物質は種子に含まれるが、種子から絞ったバイオディーゼル油にはゼロ（正確には検出限界以下）になるという。

「ナロジチ再生・菜の花プロジェクト」は、浄化とバイオエネルギー生産の一石二鳥の名案である。しかも、吸着材を永久保管により封じ込めれば、放射能汚染の恐れもない。

バイオエネルギーは、廃棄物の有効利用によるほうがコスト的に有利であり、バイオ作物栽培はブラジルなどの大規模栽培に太刀打ちすることは困難であるが、東日本大震災の被災地では大規模栽培も可能になる。

（24）バイオエネルギーの重要性については、拙著『脱原発の経済学』一六二〜一六七頁を参照。

バイオエネルギーは、再生可能エネルギーの中でも石油に代替し得る唯一のエネルギーである。エネルギー密度（単位重量ないし単位体積当たりのエネルギー）が高いので爆発力があり、ジェット燃料や軽油やガソリンに替わることができるし、石油化学の原料のナフサの代替物にもなり得るからである。したがって、脱化石燃料社会をめざすうえでは、必要不可欠なエネルギーである。[24]

「菜の花プロジェクト」を福島で実施すれば、汚染浄化にも再生可能エネルギー推進にも農民救済にも効果がある、一石三鳥の事業になるはずである。

菜の花以外の農産物にしても、油は得られなくとも、バイオガス（メタンガス）は生むことができ、バイオガスには放射能は含まれない。したがって、被災地の農産物や草などをバイオエネルギーとして活用することは充分に可能である。

4　農水産物による浄化とバイオエネルギーで農漁民の救済を

有明海の諫早干拓による漁業被害は、広く知られるところである。筆者の知る限り、有明海沿岸で、すでに一九人もの漁民が生活苦により自殺している。

有明海における漁業被害の原因は、いわゆる「ギロチン」によって設置された潮受け堤防により潮流の出入りがなくなったため、堤防内にたまった河川からの水が腐敗して悪水となり、それが時折排水門から有明海に排出されることにある。そのことは、有明海の漁民なら誰もが知っている。

ところが、国は、潮受け堤防からの悪水が原因とは認めず、漁場回復のためと称して海底を耕す「耕うん事業」なる新たな公共事業を始めた。そして、その事業に多くの地元漁民を雇用した。

しかし、海底を耕したからといって漁業生産が回復するはずはなく、有明海沿岸漁民の生活苦は続いたままである。

実は、国が「耕うん事業」を設けた真の目的は、漁場回復にあったのではない。諫早干拓による被害者を雇用することで、その生活が耕うん事業に依らざるを得ない仕組みを作ることにあったのである。要するに、国は、責任追及を免れるため、雇用による口封じを図ったのである。国が口封じに雇用を使うのは、責任追及をかわすための常套手段なのである。

福島でも、放射能汚染のため農業に展望が持てなくなった農民の自殺者が後を絶たない。何の罪も落ち度もない農民が何故自殺しなければならないのか、その責任は、すべて東電と国にあり、早急に救済策が講じられる必要がある。

そのような状況の下、福島でも、今後、国が上記の常套手段を用いる可能性がある。具体的に言えば、生活苦に陥った農漁民を救済すると称して、被害者の農漁民を除染作業員として雇用する手法である。それればかりか、雇用につながればよしとの考えから、むしろ被害者のほうから、そのような政策を要望する可能性もないではない。

しかし、被害者を税金で雇用する手法の本質は、責任追及を免れるための口封じである。また、建設業が肥大化し、地域経済が建設業に過度に依存するようになると、地域経済が歪むばかりか、無駄な公共事業が横行するようになり、国や地方自治体の財政赤字を膨らませることは、埋立やダムでの苦い経験が教えるところである。

とすれば、農漁民の救済は、あくまで、農漁業の復興をつうじて行なう必要がある。また、汚染農水産物を買い取って廃棄する制度や休業補償制度は、過渡的一時的にはよいとしても、それらを復興の主たる手法とするのは間違いである。なぜならば、農漁業に限らず、あらゆる労働は、その対価として金銭を得さえすればよいわけではなく、労働をつうじての社会貢献がもたらしてくれる「働きがい」や「生きがい」を必要とするからである。

とすれば、農漁民の救済は、あくまで、農水産物を生産し、それを価値あるものとして販売する制度をつうじて実現する必要がある。

したがって、福島における農漁業の復興策として国が採用すべきは、次のような政策である。

第一に、ゼネコンによる除染の代わりに、農水産物による浄化を放射能汚染対策の柱に据えることである。

第二に、放射能汚染地帯の農水産物によるバイオエネルギーを再生可能エネルギーの固定価格買取制度（電気事業者に再生可能エネルギーによる発電電力を固定価格で買い取ることを義務づける制度で二〇一二年七月から開始される）において最優先することである。

このような政策が採られるならば、福島の農漁民は、生活が保障されるとともに、「働きがい」や「生きがい」を持てるようになるはずである。

福島原発事故に関する国の復興政策、すなわち「がれきの広域処理」・「除染」・「帰還推進」は、がれき利権や除染利権のために採られている政策である。その構図は、原子力村の利権のために原発建設が進められてきた構図とまったく同じであり、利権にあずかろうとしている者もほぼ同一である。

被災者のために実現すべきは、「避難と隔離」・「除染よりも避難」・「農水産物による浄化とバイオエネルギー」である。

国の復興政策に替えて、それらの政策を実現できるか否か。それは、明治以来続いてきた、官僚や大資本などの特権層のための政治を変革できるか否かの鍵を握る大問題であり、その成否に日本の未来がかかっているといっても決して過言ではないのである。

付論

漁業権は誰のためにあるか

（初出『季刊地域』Winter 二〇一二）

政府は、今国会に提出する「東日本大震災復興特別区域法案」のなかで、復興特区で活用できる規制緩和メニューとして、「漁業法の特例」を設けている。

新聞報道によれば、養殖業の再建に向けて民間企業などの参入を促すため、条件付きで企業が漁協と同等に区画漁業権（養殖の漁業権）を取得できるようにするというもので、これに対して、漁協の反発が強まるなどしており、自治体がどれだけ特区申請に手を挙げるかを含め、実現するかどうかは不透明である、という。

以下、この「漁業法の特例」について検討していくこととする。

漁業権の免許の仕組み

まず、漁業法に定められた漁業権の免許の仕組みを概説しておこう。

漁業権とは、一定の水面で一定の漁業を営む権利である。一定の漁業としては、共同漁業、定置漁業、区画漁業の三種類がある。共同漁業とは、一定地区の漁民が一定の水面を共同に利用して営む採貝・採草等の漁業、定置漁業とは大型定置網を営む漁業、区画漁業とは養殖を営む漁業である。

漁業権は、知事が出す免許（漁業種類、魚種、漁場区域などが記載されている）によって設定されるが、知事個人の判断で免許を出せるわけではない。知事が免許を出すにあたっては、漁業法に基づいて次の1〜3のような手続きを取らなければならない。

1　予め漁場計画を樹立して、免許しようとする漁業権の種類、内容を公示するとともに、免許申請を受け付ける期間も公示する（十一条）。

2　漁業者から免許申請が出されると、その漁業者の適格性が審査される（十四条）。

3　一つの漁業権について二以上の申請があり、それらの申請者が適格性を有していて「競願」になった場合には、漁業法に定められた「免許の優先順位」に従って、最も優先する申請者に免許する（十五〜十九条）。

以上のように、免許を受ける者の適格性や申請者が競合した場合の優先順位は漁業法に定められており、そこに知事の裁量が入る余地は全くない。

漁場計画は、法律上は知事の名前で立てることになっている（十一条）が、実際には、「漁業者及び漁業従事者を主体とする漁業調整機構」（一条）である海区漁業調整委員会（内水面では内水面漁場管理委員会）が立てる。

海区漁業調整員会が予め漁場計画を立てる理由は、「水面の総合利用による漁業生産力の発展」を実現することにある。漁業法は、その目的を「漁業者及び漁業従事者を主体とする漁業調整機構の運用によって水面を総合的に利用し、もって漁業生産力を発展させ、……」

（一条）と述べているが、個々の漁業者からの自由な申請を認めていては「水面の総合利用による漁業生産力の発展」を実現できないため、「漁業者及び漁業従事者を主体とする漁業調整機構」が予め漁場計画によって漁業権の種類、内容を決めておくのである。

海区漁業調整委員会は、選挙による漁民委員九名、知事選任による学識経験者四名・公益代表者二名、計一五名から構成される。構成に示されているように、漁民の自治を学識経験者等がサポートする趣旨で設置されている機関である。

要するに、漁場秩序は、漁民の自治を原則としつつ、公共が「水面の総合利用による漁業生産力の発展」を目的としてそれに関与することを通じて決められているのである。

特定区画漁業権の免許の優先順位

区画漁業権は、特定区画漁業権とそれ以外の区画漁業権に分けられる。特定区画漁業権とは、漁業法七条で入漁権を設定し得るものとして列挙されている「ひび建て養殖業」など六種類の区画漁業権を総称した漁業権である。

特定区画漁業権は、共同漁業権とともに「組合管理漁業権」に分類される。「組合管理漁業権」とは、免許を受ける漁協が自ら漁業を営まず、一定の資格を持つ組合員が漁業を営むような漁業権であり、免許を受ける者が自ら漁業を営む「経営者免許漁業権」と区別される。

共同漁業権が組合管理漁業権であるのは、それが江戸時代の「海の入会」の系譜を引く、「入会権的漁業権」だからである。入会権や入会権的権利（共同漁業権、水利権、温泉権）の所有形態は「総有」と呼ばれている。総有とは「単に多数人の集合にとどまらない一個の団体が所有の主体であると同時にその構成員が構成員たる資格において共同に所有の主体であるような共同所有」と定義されている。簡潔にいえば、団体が持つとともに、その構成員も持つような共同所有である。

共同漁業権は入会集団（漁村部落の漁民集団）が総有する権利である。しかし、入会集団は法人格がなく免許を受けることができないため、漁村部落の漁民が属する漁協に免許することとされている。漁協が免許を受けるものの、漁村部落の漁民が共同漁業を営むのは、そのためである。特定区画漁業権も共同漁業権に類似する性格を持つため、総有の漁業権とされている。

漁業法では、共同漁業権の漁場の属する漁村部落は「関係地区」と表現されており、関係地区に住む漁民（関係漁民という）の属する漁協に共同漁業を免許をするとされている。同様に、特定区画漁業権の漁場が属する漁村部落は「地元地区」と表現されており、地元地区に住む漁民（地元漁民という）の属する漁協に特定区画漁業を免許をするとされている。ただし、共同漁業権と異なり、総有の漁業権の免許を申請する漁協がない場合には、経営者免許漁業権として自ら特定区画漁業を営む法人（組合や会社）に免許することになる。また、その場合にもなるべく多くの地元漁民を構成員又は社員として含む法人が優先される。

以上のような趣旨から、特定区画漁業権の免許の優先順位は、第一順位から順に、次の①〜④とされている（十八条）。

①組合管理漁業権として免許を受ける漁協

②地元漁民の世帯の七割以上を構成員又は社員として含む法人等（十六条八項の法人）

③地元漁民七人以上を構成員又は社員として含む法人（十六条六項の法人）

④①〜③以外の申請者

以上の免許方法に示されている地元漁民優先の考え方は「地元主義」と呼ばれている。

復興特区における「漁業法の特例」の内容

「東日本大震災復興特別区域法案」では、特定区画漁業権の免許の優先順位に関し、十四条で「漁業法の特例」を設けている。その内容は、上記②、③の法人が次の一〜五の要件を満たすときに、「① 組合管理漁業権として免許を受ける漁協」と同じく第一順位とするというものである。

一　当該免許を受けた後速やかに水産動植物の養殖の事業を開始する具体的な計画を有

する者であること

二　水産動植物の養殖の事業を適確に行うに足りる経理的基礎及び技術的能力を有する者であること

三　十分な社会的信用を有する者であること

四　その者の行う当該免許に係る水産動植物の養殖の事業が漁業生産の増大、当該免許に係る地元地区内に住所を有する漁民の生業の維持、雇用機会の創出その他の当該地元地区の活性化に資する経済的社会的効果を及ぼすことが確実であると認められること

五　その者の行う当該免許に係る水産動植物の養殖の事業が当該免許を受けようとする漁場の属する水面において操業する他の漁業との協調その他当該水面の総合的利用に支障を及ぼすおそれがないこと

この「漁業法の特例」は、東日本大震災によって、ほとんど壊滅状態に陥った養殖業の復興のため、外部資本の導入が必要との考えから設けられたものであるが、前述のように、新聞報道によれば、この特例案に対して漁協からの反発が出ているという。

反発は、外部資本が地元主義を侵すことへの懸念に根ざすものであろう。かねてから外部資本が漁業への進出を図ろうとする動きがあったため、復興を口実にその突破口を開こうとするものではないかとの懸念を漁協が持つのも無理からぬことである。

しかし、上記の四、五の条件を満たすことが必要とされていることに加え、②、③が第一順位となった場合にも、第一順位の①、②、③のうち誰に免許するかは、漁民の自治機関たる海区漁業調整委員会が決定することから、地元主義が侵される可能性は小さいといってよい。ただし、特例の運用にあたっては、漁業法の理念どおりに海区漁業調整委員会が漁民の自治を実現することが従来にも増して重要となる。

総有の権利は持続的社会の基盤

では、漁業法では、なぜ地元主義がとられているのだろうか。

総有の権利の大きな特徴は、権利者に地域性・定住性が必要とされる点である。入会集団は一定の地域に定住する住民・漁民（正確には個々人でなく世帯単位）を構成員とする団体である。住民・漁民はその地域に居住し続けているから権利者になれるのであって、他地域に移転すれば権利者の資格を失う。

第二の大きな特徴は、権利者たるには地域資源と関わりながら生活していることが必要とされる点である。たとえば、教員や警察官を職業としている場合には、通常権利者にはなり得ない。地域の資源（山林、漁場、用水、温泉など）と関わり、それによって生活し続けるような者であってはじめて権利者になり得る。

以上の総有の性格をふまえるならば、総有とは「地域資源とかかわりながら生活している地域住民が、地域に居住し続けるかぎりにおいて地域資源に対して有する共同所有」ということができる。比喩的にいえば、総有は「地域が所有する」ような所有形態であり、住民・漁民は、いわば、「地域の代理人」として所有者になっているといえよう。

地域資源が、それとかかわりながら生活している地域住民によって総有される場合、それが枯渇する恐れは少ない。そのような地域住民は、子々孫々の生活を思って、地域資源が枯渇しないような配慮や工夫を加えるからである。他方、地域資源が、地域住民やその子々孫々の生活に何ら責任を負わない外部者、とりわけ短期的な利潤極大化を追求しがちな企業によって利用される場合、乱伐や乱獲につながりがちになる。これが、漁業法が地元主義を採用している理由である。

地域が地域資源を握り活用することが持続的社会の鍵

江戸時代には、山林・漁場・用水・温泉が地元部落に総有され、それが持続的社会の基盤となった。総有の権利は、明治以降も入会権・漁業権・水利権・温泉権として今日まで生き続けている。

総有の権利の価値をおとしめてきたのは化石燃料である。入会山を無価値にしてきたのはプロパンガスや灯油であった。共同漁業権の軽視をもたらした「沿岸から沖合・遠洋へ」という漁業政策も化石燃料使用量の際限なき増大を前提として掲げられた政策であった。しかし、今や、化石燃料から自然エネルギーへの転換、持続的社会の実現が重要な時代の課題となった。

地域が地域資源を握り、エネルギー利用を含めた地域資源の活用を図ることが持続的社会の鍵であり、東日本大震災復興特別区域法の「漁業法の特例」にも貫かれたように、漁業法の地元主義は、今後一層重視され、尊重される必要がある。

あとがき

緑風出版の高須次郎氏から本書の執筆を要請されたのは三月半ばのことであった。

当時、「震災がれきの広域処理」を進めようと国が大々的な宣伝を行なっていたことから広域処理についての関心は急速に高まっており、高須氏からの要請以前に、筆者が長年関わっている「廃棄物を考える市民の会」の小林悦子さんから会の機関誌「廃棄物列島」に広域処理についての見解を書くよう、また五月に開かれる総会で報告するよう要請されていた。また、東京自治研究センターで一年余り持たれてきた廃棄物行政研究会においても筆者が「震災がれきの広域処理」について報告することになっていた。

すでに課されていた課題とも重なる有難い執筆要請ではあったものの、「震災がれきの広域処理」をめぐっての市民の最大の関心事である「焼却に伴う放射性物質の排出」に関して詳しくなかったことから、また昨年十一月に上梓した『脱原発の経済学』（緑風出版）の執筆の疲れが残っていたことから、いったんはお断りした。

ところが、高須氏から「それでは『廃棄物を考える市民の会』で書いてもらえませんか」と再び要請され、会のメンバーに諮ったところ、辻芳徳氏が「焼却に伴う放射性物質の排出」を分担することを申し出てくださった。

それでも執筆を決意するには至らず、最終的に執筆を決意したのは、四月上旬に行なった宮城県・岩手県での現地調査をつうじて「震災がれきの処理」を批判する視点を確立・確認できた時のことである。

本書を書きあげることができたのは、以上に記した方々から背中を押され、励まされたおかげである。記して謝意を表したい。

また、宮城県・岩手県での現地調査や電話取材なしでは、本書を書きあげることは、とうていできなかった。現地調査や電話取材でお世話になった方々にも謝意を表したい。

さらに、「震災がれきの広域処理」についての視点を確立するうえでも、資料収集のうえでも、今や日本社会の真実を知るうえで欠かせない媒体となっているインターネットの阿修羅掲示板にお世話になった。同掲示板管理人の久保博志氏及び経世済民の志を持つ多くの投稿者の方々に感謝したい。

付論「漁業権は誰のためにあるか」(初出『季刊地域』)に関しては、執筆の機会を与えてくださるとともに本書への掲載を快く承諾してくださった農山漁村文化協会及び同協会の阿部道彦氏にお礼申し上げたい。

出版は、本書を提案された緑風出版にお世話になった。前著『脱原発の経済学』に引き続き、日本の未来を左右するような重大な問題についての執筆の機会を与えてくださった高須次郎、高須ますみ、斎藤あかねの諸氏にお礼申し上げたい。

振り返ってみれば、「廃棄物を考える市民の会」と緑風出版との間には浅からぬ縁がある。「廃棄物を考える市民の会」の前身の一つ「巨大ゴミの島に反対する連絡会」では『ゴミ問題の焦点──フェニックス計画を撃つ』（一九八五年）を出版させていただいた。また、元沼津市長で、清掃労働者とともに日本で初の分別収集を始められ、「廃棄物を考える市民の会」の代表を長く務められて私たちにごみ問題への視点を教示してくださった故井手敏彦氏の選集『地域を変える市民自治』（二〇〇六年）も緑風出版から出版された。

「震災がれきの処理」や除染という、廃棄物・リサイクルに関わる重大問題に日本が直面している今、緑風出版をつうじて本書を出版することで、ごみ問題に関する老舗の市民団体としての責任を果たせること、そして井手氏の恩にも少しは報いられることを、高須氏及び「廃棄物を考える市民の会」のメンバーともども喜びたいと思う。

二〇一二年五月

熊本一規

資料

1　東日本大震災により生じた災害廃棄物の処理に関する特別措置法（平成二十三年八月十八日）（法律第九十九号）

（趣旨）

第一条　この法律は、東日本大震災により生じた災害廃棄物の処理が喫緊の課題となっていることに鑑み、国が被害を受けた市町村に代わって災害廃棄物を処理するための特例を定め、あわせて、国が講ずべきその他の措置について定めるものとする。

（定義）

第二条　この法律において「災害廃棄物」とは、東日本大震災（平成二十三年三月十一日に発生した東北地方太平洋沖地震及びこれに伴う原子力発電所の事故による災害をいう。以下同じ。）により生じた廃棄物（廃棄物の処理及び清掃に関する法律（昭和四十五年法律第百三十七号。第四条第四項において「廃棄物処理法」という。）第二条第一項に規定する廃棄物をいう。）をいう。

（国の責務）

第三条　国は、災害廃棄物の処理が迅速かつ適切に行われるよう、主体的に、市町村及び都道府県に対し必要な支援を行うとともに、災害廃棄物の処理に関する基本的な方針、災害廃棄物の処理の内容及び実施時期等を明らかにした工程表を定め、これに基づき必要な措置を計画的かつ広域的に講ずる責務を有する。

（国による災害廃棄物の処理の代行）

第四条　環境大臣は、東日本大震災に対処するための特別の財政援助及び助成に関する法律（平成二十三年法律第四十号）第二条第二項に規定する特定被災地方公共団体（以下「特定被災地方公共団体」という。）である市町村の長から要請があり、かつ、次に掲げる事項を勘案して必要があると認められるときは、当該市町村に代わって自ら当該市町村の災害廃棄物の収集、運搬及び処分（再生を含む。以下同じ。）を行うものとする。

一　当該市町村における災害廃棄物の処理の実施体制

二　当該災害廃棄物の処理に関する専門的な知識及び技術の必要性

三　当該災害廃棄物の広域的な処理の重要性

2　環境大臣は、東日本大震災復興対策本部の総合調整の下、関係行政機関の長と連携協力して、前項の規定による災害廃棄物の収集、運搬又は処分を行うものとする。

3　環境大臣は、第1項の規定により災害廃棄物の収集、運搬又は処分を行う場合において、必要があると認めるときは、関係行政機関の長に協力を要請することができる。

4　第1項の規定により災害廃棄物の収集、運搬又は処分を行った環境大臣については、廃棄物処理法第十九条の四第一項の規定は、適用しない。

（費用の負担等）

第五条　前条第1項の規定により環境大臣が行う災害廃棄物の収集、運搬及び処分に要する費用は、国の負担とする。この場合において、同項の市町村は、当該費用の額から、自ら当該災害廃棄物の収集、運搬及び処分を行うこととした場合に国が当該市町村に交付すべき補助金の額に相当する額を控除した額を負担する。

2　国は、特定被災地方公共団体である市町村が災害廃棄物の収集、運搬及び処分を行うために要する費用で当該市町村の負担に属するもの（前項後段の規定により負担する費用を含む。以下「被災市町村負担費用」という。）について、必要な財政上の措置を講ずるものとする。

3　国は、前項に定める措置のほか、災害廃棄物の処理が特定被災地方公共団体である市町村における持続可能な社会の構築や雇用の機会の創出に資することに鑑み、地域における持続可能な社会の構築や雇用の機会の創出に資する事業を実施するために造成された基金の活用による被災市町村負担費用の軽減その他災害廃棄物の処理の促進のために必要な措置を講ずるものとする。

（災害廃棄物の処理に関して国が講ずべき措置）

第六条　国は、災害廃棄物に係る一時的な保管場所及び最終処分場の早急な確保及び適切な利用等を図るため、特定被災地方公共団体である市町村以外の地方公共団体に対する広域的な協力の要請及びこれに係る費用の負担、国有地の貸与、私人が所有する土地の借入れ等の促進、災害廃棄物の搬入及び搬出のための道路、港湾その他の輸送手段の整備その他の必要な措置を講ずるものとする。

2　国は、災害廃棄物の再生利用等を図るため、東日本大震災からの復興のための施設の整備等への災害廃棄物の活用その他の必要な措置を講ずるものとする。

3　国は、災害廃棄物の処理に係る契約の内容に関する統一的な指針の策定その他の必要な措置を講ずるものとする。

4　国は、災害廃棄物の処理に係る業務に従事する労働者等に関し、石綿による健康被害の防止その他の労働環境の整備のために必要な措置を講ずるものとする。

5　国は、海に流出した災害廃棄物に関し、その処理について責任を負うべき主体が必ずしも明らかでないことに鑑み、指針を策定するとともに、早期に処理するよう必要な措置を講ずるものとする。

6　国は、津波による堆積物その他の災害廃棄物に関し、感染症の発生の予防及び悪臭の発生の防止のために緊急に必要な措置を講ずるとともに、早期に、必要に応じ無害化処理等を行った上での復旧復興のための資材等としての活用を含めた処理等を行うよう必要な措置を講ずるものとする。

（事務の委任）

第七条　環境大臣は、環境省令で定めるところにより、第四条に規定する事務を地方環境事務所長に委任することができる。

（政令への委任）

第八条　この法律に定めるもののほか、この法律の実施のため必要な事項は、政令で定める。

附　則

1　この法律は、公布の日から施行する。

2　国は、被災市町村負担費用について、国と地方を合わせた東日本大震災からの復旧復興のための財源の確保に併せて、地方交付税の加算を行うこと等により確実に地方の復興財源の手当をし、当該費用の財源に充てるため起こした地方債を早期に償還できるようにする等その在り方について検討し、必要な措置を講ずるものとする。

2　ドイツ放射線防護協会会長からのメッセージ（FoE Japan ホームページより）
（http://www.foejapan.org/energy/news/pdf/111127_j.pdf）

ドイツ放射線防護協会
会長 セバスティアン・プフルークバイル（博士）
　Dr. Sebastian Pflugbeil, Praesident
Gormannstr. 17, D-10119 Berlin
Tel.+49（0）30 / 44 93 736, Fax +49（0）30 / 44 34 28 34
eMail: pflugbeil.kvt@t-online.de

ベルリン、二〇一一年一一月二七日

放射線防護の国際的合意として、特殊措置をとることを避けるために、汚染された食品や廃棄物を、汚染されていないものと混ぜて「危険でない」とすることは禁止されている。日本政府は現在、食品について、および地震・原発事故・津波被災地からのがれき処理について、この希釈禁止合意に違反している。ドイツ放射線防護協会はこの「希釈政策」を至急撤回するよう勧告する。撤回されない場合、すべての日本の市民が、知らぬ間に東京電力福島第一原子力発電所事故の「二次汚染」にさらされることになるだろう。空間的に隔離し、安全を確保し、管理された廃棄物集積所でなければ、防護策は困難である。「汚染を希釈された」食品についても同様である。現在の汚染がれきおよび食品への対応では、日本市民に健康被害が広がってしまうだろう。

日本ですでに始まっている汚染がれきの各県への配分、焼却、および焼却灰の海岸埋立等への利用は、放射線防護の観点から言えば重大な過ちである。焼却場の煙突から、あるいは海洋投棄される汚染焼却灰から、がれき中の放射性物質は必然的に環境に放出される。
ドイツ放射線防護協会は、この計画の至急撤回を勧告する。

チェルノブイリ事故後ドイツでの数々の研究により、胎児や乳幼児が以前の想定よりはるかに放射線影響を受けやすいことが明らかとなっている。乳幼児の死亡率、先天障害、女児出生率の低下など、チェルノブイリ後の西ヨーロッパで明らかな変化が確認されている、すなわち、低量あるいはごく微量の追加放射線によって数万人の子どもが影響を受けているのである。さらに、ドイツの原発周辺における幼児のがんや白血病についての研究でも、微量の追加放射線でも子どもたちに健康被害を与えうることが示されている。ドイツ放射線防護協会は、少なくとも妊婦と子どものいる家庭について、現在の避難地域より広い範囲で至急の避難・疎開が支援されなければならないと強く警告する。われわれは同時に、子どもに年間二〇ミリシーベルトの被曝を強要することは悲劇的な過ちであると考える。日本政府は、現在の避難基準になっている年二〇ミリシーベルトを直ちに撤回するべきである。

日本での現行の食品中放射性物質暫定基準値は、商業と農業を損失から守るためのものであり、人々を被曝から防護するためのものではない。ドイツ放射線防御協会は、この基準値が、日本政府ががん死亡者数、がん発症者数の甚大な増加、およびその他のあらゆる健康障害の著しい蔓延を許容する姿勢であることを意味するとして、厳しく指摘する。

このようなやり方で自国民の健康を踏みにじることは、いかなる政府にも許されない。当協会は、原子力エネルギー利用のもたらす利益と引き換えに、果たして日本社会がどれだけの死者と病人を受容できる準備があるのかについて、全国民参加による公開の議論が絶対不可欠であると考える。このような議論が必要なのは、日本だけではない、これまで原子力ビジネスと政治的思惑によって阻まれてきた、世界のすべての国々において必要なのである。

ドイツ放射線防護協会は、日本の皆さんに強く訴える。

できるだけ、専門知識を身につけるよう努めてください。そして、食品における基準値の大幅な低減と、厳密な食品検査を要求するのです。すでに各地に開設されている市民測定所を支援してください。

ドイツ放射線防護協会は、日本の専門家の皆さんに訴える。

日本の市民のサイドに立ち、放射能とはどんなものか、どのような障害をもたらしうるものであるかを、市民に説明してください。

ドイツ放射線防護協会

会長 セバスティアン・プフルークバイル（博士）

（翻訳：FoE Japan）

参考文献・参考資料

1・3・4・5章

・大沼安史『世界が見た福島原発災害3』緑風出版、二〇一二年三月
・河田昌東『チェルノブイリと福島』緑風出版、二〇一一年十二月
・熊本一規『日本の循環型社会はどこが間違っているのか?』合同出版、二〇〇九年五月
・熊本一規『脱原発の経済学』緑風出版、二〇一一年十一月
・佐藤栄佐久『知事抹殺』平凡社、二〇〇九年九月
・西尾漠『どうする?放射能ごみ』緑風出版、二〇〇五年一月
・金子和裕「東日本大震災における災害廃棄物の概況と課題」参議院事務局『立法と調査』二〇一一年五月
・全国産業廃棄物連合会「災害廃棄物処理支援の手引き」二〇〇九年二月
・日本弁護士連合会「放射能による環境汚染と放射性廃棄物の対策についての意見書」二〇一一年七月
・岩手県「岩手県災害廃棄物処理実行計画」二〇一一年六月
・石巻市「災害廃棄物処理の取り組みについて」二〇一二年四月
・仙台市「仙台市における震災廃棄物の処理について」二〇一二年四月
・宮古市「放射能管理マニュアル（岩手県宮古市平成二四年四月〜六月分）」二〇一二年三月
・宮城県「災害廃棄物処理の基本方針」二〇一一年三月

・環境省「福島県内の災害廃棄物の処理の方針」二〇一一年六月
・環境省「東日本大震災に係る災害廃棄物の処理指針（マスタープラン）」二〇一一年五月
・環境省「災害廃棄物の広域処理」二〇一二年二月
・環境省「災害廃棄物の広域処理の推進について」二〇一一年八月（その後、十月、二〇一二年一月に改訂）
・環境省「管理された状態での災害廃棄物（コンクリートくず等）の再生利用について」二〇一一年十二月
・環境省「除染特別地域における除染の方針（除染ロードマップ）について」二〇一二年一月
・環境省「災害廃棄物の処理について」二〇一一年十月
・環境省「災害廃棄物の処理について（参考資料集）」二〇一一年十月
・環境省「放射性物質に汚染されたおそれのある廃棄物の処理について（参考資料集）」二〇一一年十月
・厚生省「震災廃棄物対策指針」一九九八年十月
・原子力安全委員会「東京電力株式会社福島第一原子力発電所事故の影響を受けた廃棄物の処理処分等に関する安全確保の当面の考え方について」二〇一一年六月
・原子力安全委員会「低レベル放射性固体廃棄物の埋設処分に係る放射能濃度上限値について」二〇〇七年五月
・原子力安全・保安院「第二種廃棄物埋設等に係る安全規制の検討状況」二〇〇七年十二月
・原子力安全・保安院「第一種廃棄物埋設等に係る安全規制の検討状況」二〇〇八年三月
・原子力災害現地対策本部福島除染推進チーム長・森谷賢「我が国の除染への取組み」二〇一一年十月
・総合エネルギー調査会原子力安全・保安部会廃棄物安全小委員会「原子力施設におけるクリアランス

レベル制度の整備についていて」
・総合エネルギー調査会原子力安全・保安部会廃棄物安全小委員会「低レベル放射性廃棄物の余裕深度処分に係る安全規制について（中間報告）
・総合エネルギー調査会原子力安全・保安部会廃棄物安全小委員会「低レベル放射性廃棄物の余裕深度処分に係る安全規制について」

2章

・安原昭夫『燃焼・熱分解と化学物質』国立環境研究所、一九九一年九月
・タクマ環境技術研究会編『ごみ焼却の技術　絵とき基本用語（改訂増補版）』二〇〇三年八月
・東京都清掃局（編集：光が丘分工場）『清掃工場の用語集』工場職員用内部資料、一九九七年三月
・化学技術情報連絡会編『化学の基礎』東京二十三区清掃一部事務組合内部資料、二〇〇五年三月
・小野雄策「ごみ質の管理（ごみの分別）―資源回収とエネルギー回収―」http://saiseiken.jp/kensyu/data/2009kensyu1.pdf
・河野益近「島田市の試験焼却前後における松葉の放射能調査結果について」http://www.savechildrengunma.com/files/shimadacity_report.pdf
・日本原子力研究所「極低レベル固体廃棄物合理的処分安全性実証試験報告書」、一九九〇年三月
・国立環境研究所「放射性物質の挙動からみた適正な廃棄物処理処分（技術資料）第一版」、二〇一一年十二月
・環境省「災害廃棄物の広域処理の推進について」二〇一一年八月（その後、十月、二〇一二年一月に改訂）

[著者略歴]

熊本 一規 （くまもと かずき）

1949年 佐賀県小城町に生まれる。1973年 東京大学工学部都市工学科卒業。1980年 東京大学工系大学院博士課程修了（工学博士）。和光大学講師、横浜国立大学講師、カナダ・ヨーク大学客員研究員などを経て現在 明治学院大学教授。廃棄物を考える市民の会に所属し、ごみ・リサイクル問題で市民サイドからの政策批判・提言を行なうとともに、各地の埋立・ダム・原発等で漁民をサポートしている。専攻は、環境経済・環境政策・環境法規。

著書 『ごみ行政はどこが間違っているのか？』(合同出版、1999年)、『日本の循環型社会づくりはどこが間違っているのか？』(合同出版、2009年)、『海はだれのものか』（日本評論社、2010年）。『よみがえれ！清流球磨川』（共著、緑風出版、2011年）、『脱原発の経済学』（同、2011年）など多数。

辻 芳徳 （つじ よしのり）

元東京都清掃局職員。清掃工場、建設部、埋立処分場、施設部で勤務。清掃事業の区移管に伴い東京二十三区清掃一部事務組合に移籍後、2011年3月退職。

現在 循環型社会システム研究会を主宰。

がれき処理《しょり》・除染《じょせん》はこれでよいのか

2012年 7月10日 初版第1刷発行
2012年10月20日 初版第2刷発行

定価1900円＋税

著 者 熊本一規・辻芳德 ©
発行者 高須次郎
発行所 緑風出版
〒113-0033 東京都文京区本郷2-17-5 ツイン壱岐坂
［電話］03-3812-9420 ［FAX］03-3812-7262［郵便振替］00100-9-30776
［E-mail］info@ryokufu.com ［URL］http://www.ryokufu.com/

装 幀 斎藤あかね
制 作 R 企 画
印 刷 シナノ・巣鴨美術印刷
製 本 シナノ
用 紙 大宝紙業・シナノ
E1500

ISBN978-4-8461-1211-0 C0036